计算机软件应用与网络安全管理研究

赵旭华　黄斌　崔红伟　著

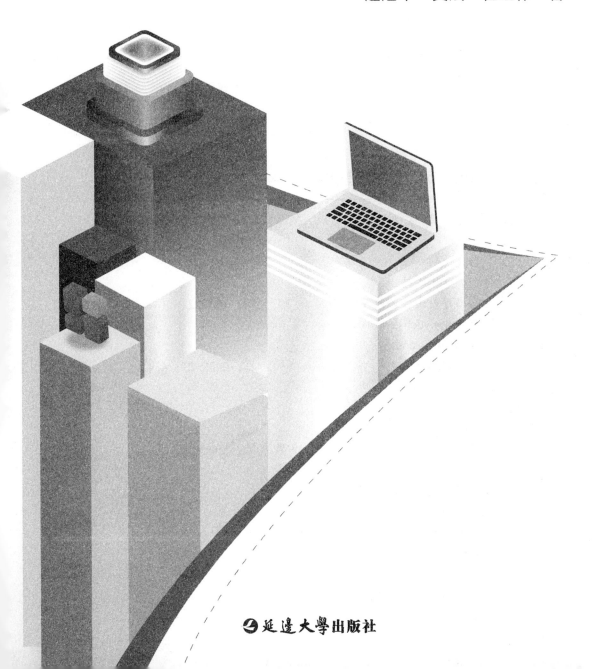

延边大学出版社

图书在版编目（CIP）数据

计算机软件应用与网络安全管理研究 / 赵旭华，黄斌，崔红伟著. -- 延吉：延边大学出版社，2023.7
ISBN 978-7-230-05232-0

Ⅰ．①计… Ⅱ．①赵… ②黄… ③崔… Ⅲ．①软件—研究②计算机网络—网络安全—研究 Ⅳ．①TP31 ②TP393.08

中国国家版本馆CIP数据核字(2023)第138721号

计算机软件应用与网络安全管理研究

著　　者：赵旭华　黄斌　崔红伟
责任编辑：王思宏
封面设计：文合文化
出版发行：延边大学出版社
社　　址：吉林省延吉市公园路 977 号　　　邮　编：133002
网　　址：http://www.ydcbs.com
E-mail：ydcbs@ydcbs.com
电　　话：0433-2732435　　　　　　传　真：0433-2732434
发行电话：0433-2733056
印　　刷：三河市嵩川印刷有限公司
开　　本：787 mm×1092 mm　1/16
印　　张：9.75　　　　　　　　　　字　数：200 千字
版　　次：2023 年 7 月　第 1 版
印　　次：2023 年 8 月　第 1 次印刷
ISBN 978-7-230-05232-0

定　　价：68.00 元

前　言

随着工业革命的发展，计算机技术已是现今非常先进的信息化技术，其在社会的各个领域中均有应用，极大程度地推动了社会的发展。但随着人们的需求不断提高，计算机软件的开发和应用有了非常大的进步，对于各行业的生产和发展起着重要的积极作用。对此，有必要分析和探索计算机软件在目前社会中的应用。安全管理是推进计算机网络安全有效运行的基本前提。为全面提高计算机网络运行的工作效率，加速计算机网络环境信息化的建设发展，有必要就计算机网络安全管理与有效运行展开全方位的分析探究。

本书以计算机软件的应用与网络安全管理为主要研究对象，从计算机软件工程的基本概述出发，将计算机软件的应用情况与网络安全管理相结合，对计算机软件测试与计算机软件维护技术进行了深入阐述，进而对网络安全管理进行了深度的探究。本书结构清晰，层次分明，语言简洁明了，力求让读者充分认识到计算机软件应用与网络安全管理研究的重要性和必要性。本书兼具理论与实际应用价值，既强调理论上的深度，又注重具体的实践运用，可供计算机软件及网络安全相关工作者参考和借鉴。

为了提升本书的学术性与严谨性，在撰写过程中，笔者参阅了大量的文献资料，引用了诸多专家学者的研究成果，因篇幅有限，不能一一列举，在此一并表示最诚挚的感谢。由于时间仓促，加之笔者水平有限，在撰写过程中难免出现不足的地方，希望各位读者不吝赐教，提出宝贵的意见，以便笔者在今后的学习中加以改进。

目　　录

第一章 计算机软件工程概述

第一节 对计算机软件的基本认识

一、人们对软件的认识

20 世纪 40 年代，随着第一台计算机 "ENIAC" 的诞生，第五次信息技术革命拉开了序幕。微型计算机以惊人的速度发展，在科学、军事、经济等社会领域被广泛应用，极大地改变了人们原有的工作和生活方式。计算机硬件，尤其是微处理器日新月异地更新，促进了整个运算体系的发展，计算机程序也从硬件中分离了出来，逐渐形成了"软件技术"的概念。经过几十年的发展，人们不仅对软件有了更深刻的认识，还对相应的软件研究和应用技术提出了更严格的要求。

（一）开发软件不等于编写程序

在软件的开发过程中，编写程序只是开发软件所要完成的一部分工作，具体的软件开发工作包括以下几个方面：

1.问题的定义及规划

调研用户需求与用户环境，以及需求方论证项目的技术、经济、市场等可行性，并制定项目初步计划。

2.需求分析

确定系统的运行环境，建立逻辑模型，确定系统的功能和性能要求。

3.软件设计

包括概要设计和详细设计。概要设计，即建立系统总体结构，划分功能模块，定义各个功能模块的接口，制定测试计划。详细设计，即设计各个模块的具体实现算法，确定各个模块之间的详细接口，制定测试方案。

4.程序编码

编写程序源代码，进行模块测试和调试，编写用户手册。

5.软件测试

进行单元测试、集成测试、系统测试，编写测试报告。

6.实现和运转

对修改进行配置管理，填写修改记录和故障报表，按照用户和软件设计的意见进行软件维护。

（二）错误的做法会导致软件危机

20世纪60年代以前，计算机刚刚投入使用，软件设计者往往为了一个特定的应用，在指定的计算机上对软件进行设计和编制，主要依赖计算机的机器代码或汇编语言。那时，软件的规模比较小，文档资料通常也不存在。设计者很少使用系统化的开发方法，开发软件往往等同于编写程序，基本属于个人设计、个人使用、个人操作的私人化的软件生产方式。

20世纪60年代中期，随着大容量、高速度计算机的出现，计算机的应用范围迅速扩大，软件开发的速度越来越快，高级语言开始出现。操作系统的发展引起了计算机应用方式的变化，大量的数据处理促使第一代数据库管理系统诞生。软件系统的规模越来越大，复杂程度越来越高，软件可靠性问题越来越突出。原来的个人设计、个人使用方式已无法满足软件发展的要求，软件生产方式需要尽快改变，软件生产率急需提高，由此软件危机开始暴发。软件危机是指人们在开发和维护计算机软件的过程中遇到的一系列严重问题，这些问题主要包含两个方面，即如何开发软件以满足用户对软件日益增长的需求和如何维护不断膨胀的已有软件。

二、软件的发展

软件的发展主要经历了以下四个阶段：

（一）20世纪50年代至20世纪60年代

第一阶段也称程序设计阶段。最初的二进制机器指令语言程序逐渐被汇编语言程序代替。这个阶段的生产方式是个体手工劳作，硬件成本非常昂贵，程序的规模小，占用的内存空间也较小。软件的设计通常是在设计者的头脑中进行的，没有程序设计方法。除了程序清单代码，没有其他文档被有效地保存下来。

（二）20世纪60年代至20世纪70年代

第二阶段也称程序系统阶段。这个阶段，计算机软件程序处于系统化发展，计算机语言发展较快，出现了应用性高级语言，如BASIC语言、Pascal语言、FORTRAN语言等。软件生产方式仍然是个体化开发，但程序开发出现了"作坊"形式。硬件价格开始降低，速度、容量、可靠性明显提高，但是软件产品的开发仍然没有配套的管理体系，出现了软件运行质量低下、维护工作繁杂，甚至软件不可维护等问题，软件危机随之出现。

（三）20世纪70年代至20世纪90年代

第三阶段也称软件工程阶段。这个阶段，高级语言系统、数据库、网络、分布式开发等正式出现，软件生产方式是工程化生产。计算机硬件成本大幅下降，计算机性能的快速提高促使计算机迅速普及，各类用户对计算机软件的需求不断增多。这一系列因素推动了软件生产走向市场化，同时迫使软件开发成为一门新兴的工程学科，即软件工程学。

软件工程学对软件的开发技术、方法进行改进，提出了结构化的设计、分析方法和原型化的方法，促进了软件生产的过程化和规范化。虽然软件管理在软件生产中起着重要作用，但是软件危机尚未完全解除。

（四）20 世纪 90 年代以来

第四阶段也称现代软件工程阶段。这个阶段，软件生产方式是项目工程生产，出现了大量的新技术，如面向对象技术、嵌入式系统、分布式系统和智能系统等，复杂程度高、应用规模大的计算机系统日益增多，软件开发进入了成熟发展阶段，软件成为人类必不可少的工具。

三、软件的定义、分类及特点

（一）软件的定义

软件是计算机系统中与硬件相互依存的一部分，是包含程序、数据及其相关文档的完整集合，即软件＝程序＋数据＋相关文档。程序是按事先设计的功能和性能要求执行的指令序列；数据是使程序能正常操纵信息的数据结构；文档是与程序开发、维护和使用等相关的图文材料。也可以理解为：

（1）软件＝程序＋数据＋文档。
（2）面向过程的程序＝算法＋数据结构。
（3）面向对象的程序＝对象＋类＋继承＋消息。
（4）面向构件的程序＝构件＋构架。

（二）软件的分类

软件不是具备一定形状的物理实体，而是一种逻辑实体。软件可以保存在计算机的存储器内部，也可以保存在磁盘、光盘和优盘等介质上，但是软件的形态无法被看到，人们必须通过观察、分析、思考、判断，了解它的功能、性能及其他特性。软件的生产与硬件不同，软件开发的过程中没有明显的制造过程。软件是人们通过智力活动，把知识和技术转化成信息的一种产品。当某一软件项目研制成功后，人们就可以大量复制同一内容的副本。

软件的开发和运行常常受计算机系统的限制，对计算机系统有着不同程度的依赖性。软件有以下四种划分方式：

1.按软件的规模划分

软件的规模可以采用代码行数、时间、人数来衡量，具体见表 1-1。

表 1-1 软件规模划分

规模	代码行数	时间	人数
微型	500 以下	1～4 周	1 人
小型	2 000 以下	半年	1 人
中型	5 000～50 000	1～2 年	2～5 人
大型	5 万～10 万	2～3 年	5～20 人
超大型	100 万以上	4 年以上	100 人以上

2.按软件的工作方式划分

按软件的工作方式划分，软件可分为实时软件、分时软件、交互式软件和批处理软件四种。

（1）实时软件。实时软件是处理当前任务的软件，如卫星实时监控软件。

（2）分时软件。分时软件是阶段性地处理任务的软件，它按照一定的时间间隔处理任务，如交通岗红绿灯控制软件。

（3）交互式软件。交互式软件具有相互性，可以处理、执行任务，也可以产生一个任务让其他设备或软件完成，如各种交友软件。

（4）批处理软件。批处理软件是指可以同时执行多条指令的软件，如垃圾处理软件。

3.按软件的功能划分

按软件的功能划分，软件可分为系统软件、支撑软件和应用软件三种，具体见表 1-2。

表 1-2 软件功能划分

名称	内容
系统软件	操作系统 、数据库管理系统、设备驱动程序、通信处理程序
支撑软件	编译软件、文本编辑器等支持需求分析、设计、实现、测试和管理的软件
应用软件	数据处理软件、计算机辅助设计软件、系统仿真软件、人工智能软件，办公自动化软件、计算机辅助教学软件等

4.按软件的服务对象的范围划分

按软件的服务对象的范围划分，软件可分为项目软件和产品软件。

项目软件是特定用户委托软件开发机构开发的软件，如商品管理系统、生产过程控制系统等。一般情况下，项目软件是在合同的约束下开发的。

产品软件是软件开发机构直接为市场开发的软件，如文字处理软件、多媒体播放软件、游戏软件等。产品软件的功能、性能、价格和售后服务对开发机构参与市场竞争有重要影响。

（三）软件的特点

软件主要有以下几个特点：

（1）软件模型有较强的表达能力，符合人类的思维模式。软件是对客观世界中问题空间与解空间的具体描述，是客观事物的一种反映，是对知识的提炼和"固化"。

（2）软件生产没有明显的制造过程，在高级语言出现以前，汇编语言（机器语言）是编程的主要工具，表达软件模型的基本概念是指令，这些都是抽象层次的。

（3）软件相对于硬件，没有磨损、老化这些问题，但是它需要按照用户的实际需求进行更新和升级。

（4）虽然是软件控制硬件，但是软件对计算机系统的硬件还是有不同程度的依赖。

（5）软件的开发依赖人工，软件的开发尚未摆脱手工操作，这主要是因为它的复杂性。

（6）随着时间的推移，软件的开发成本越来越高。

（7）客观世界是不断变化的，因此构造性和演化性是软件的本质特征。高级语言（如 FORTRAN 语言、Pascal 语言、C 语言等）不仅使用了变量、标识符、表达式等概念作为语言的基本构造，还使用了三种基本控制结构来表达软件模型的计算逻辑。因此，软件开发人员可以在一个更高的抽象层次上进行程序设计。随后出现的一系列开发模型和结构化程序设计技术，实现了模块化的数据抽象和过程抽象，提高了人们表达客观世界的抽象层次，并使人们开发的软件具有一定的构造性和演化性。面向对象程序设计语言的诞生，为人们提供了一种以对象为基本计算单元，以消息传递为基本交互手段的软件模型。面向对象方法的实质是以拟人化的观点来看待客观世界，即客观世界由一系列对象构成，这些对象之间的交互形成了客观世界中各式各样的系统。面向对象方法中的概念和处理逻辑更接近人们解决计算问题的思维模式，可以使人们开发的软件具有更好的构造性和演化性。

（8）人们更加关注软件复用问题，即构造比对象更大且易于复用的基本单元——构件，并研究以构件复用为基础的软件构造方法，更好地凸显软件的构造性和演化性。易于复用的软件，一定是具有很好的构造性和演化性的软件。

第二节 软件工程的产生

计算机软件系统通过运行程序来实现不同的应用。按照所实现功能的不同，程序包括用户为自己的特定目的编写的程序、检查和诊断机器系统的程序、支持用户的应用程序运行的系统程序、管理和控制机器系统资源的程序等。软件不同于硬件，它是计算机系统中的逻辑部件，是程序开发、使用和维护所需要的文档。美国电气和电子工程师学会对软件的描述是"计算机程序、方法、规则、相关的文档资料，以及在计算机上运行所必需的数据"。

一、软件危机的故事

（一）软件危机实例

1995 年，斯坦迪斯集团（Standish Group）以美国境内 8 000 个软件项目为样本，展开了调查。调查结果显示，84%的软件计划无法在既定时间内使用既定经费完成，超过 30%的项目于运行中被取消，项目预算平均超出 189%。

危机实例一：OS/360 操作系统

OS/360 操作系统被认为是一个典型的软件危机案例。到现在为止，360 系列主机仍然在使用 OS/360 操作系统。这个经历了数十年、极度复杂的软件项目甚至产生了一套不包括在原始设计方案之中的工作系统。

OS/360 操作系统是第一个超大型的软件项目，有 1 000 名左右的程序员参与了该项目的开发。弗雷德里克·布鲁克斯在自己的著作《人月神话》中承认，在管理这个项目时，他犯了重大错误。

危机实例二：美国银行信托软件系统开发

美国银行在 1982 年进入信托商业领域，并规划发展信托软件系统。项目的原定预算是 2 000 万美元，开发时长为 9 个月，预计 1984 年 12 月 31 日以前完成，但直到 1987 年 3 月，该系统的开发都未能完成，此时，美国银行已投入 6 000 万美元。美国银行最终因为此系统不稳定而不得不放弃，并将 340 亿美元的信托账户转移了出去，由此失去了 6 亿美元的信托生意商机。

（二）软件危机的主要表现

1.软件开发进度难以预测

软件的开发超出原定计划几个月甚至几年的现象并不罕见，这降低了软件开发组织的信誉度。

2.软件开发成本难以控制

软件开发的实际成本往往比预算成本高出一个数量级。有时人们为了赶进度和节约成本会采取一些权宜之计，但这些"权宜之计"往往会损害软件产品的质量，从而引起用户的不满。

3.软件开发者难以满足用户对产品功能的需求

软件开发者和用户之间有很深的矛盾。软件开发者不能真正了解用户的需求，而用户又不了解计算机求解问题的模式和能力，双方无法用共同熟悉的语言进行交流。程序员往往在没有充分了解用户需求的情况下，就开始设计系统、编写程序。这种"闭门造车"的开发方式必然导致最终的产品不符合用户的实际需求。

4.软件产品的质量无法保证

软件是逻辑产品，人们很难以统一的标准衡量其质量，因此软件产品的质量无法保证。软件产品并不是没有错误，而是盲目检测很难发现错误，而隐藏的错误往往是造成重大事故的罪魁祸首。

5.软件产品难以维护

软件产品本质上是开发人员的代码化的逻辑思维活动，他人难以替代。除了开发者本人，其他人很难及时检测、排除系统故障。为了使系统适应新的硬件环境，或为了满足用户的需要，人们有时会在原系统中增加一些新的功能，但这有可能会增加系统中的错误。

6.软件缺少适当的文档资料

文档资料是软件必不可少的重要组成部分。实际上，软件的文档资料是开发组织和用户之间的权利与义务的合同书，是系统管理者、总体设计者向开发人员下达的任务书，是系统维护人员的技术指导手册，是用户的操作说明书。缺乏必要的文档资料或者文档资料不合格，会给软件开发和维护带来许多严重的问题。

（三）软件危机产生的原因

1.用户需求不明确

在软件开发的过程中，用户需求不明确主要体现在以下四个方面：

（1）在软件开发出来之前，用户自己也不清楚对软件有哪些具体需求。

（2）用户对自身需求的描述不精确，其描述可能有遗漏、有歧义，甚至有误。

（3）在软件开发的过程中，用户又提出了修改软件功能、界面、支撑环境等方面的需求。

（4）软件开发人员对用户需求的理解与用户最初的想法有差异。

2.软件开发人员缺乏正确的理论指导

这主要是指软件开发人员缺乏方法学方面的理论支持。软件不同于其他工业产品，其开发过程是复杂的逻辑思维过程，极大程度地依赖开发人员高度的智力投入。过分地依赖程序设计人员在软件开发过程中的技巧和创造性，加剧了软件产品的个性化，这也是产生软件危机的一个重要原因。

3.软件开发规模越来越大

随着软件应用范围的扩大，软件开发规模也越来越大。大型软件开发项目需要组织一定的人力共同完成，而多数管理人员缺乏开发大型软件系统的经验。各类人员之间的信息交流不及时、不准确，有时还会产生误解。软件的开发人员不能有效地、独立自主地处理大型软件开发的全部关系和各个分支，因此容易产生疏漏和错误。

4.软件开发复杂度越来越高

软件开发不仅在规模上快速发展、扩大，其复杂性也在急剧增加。软件产品的特殊性和人类智力的局限性，导致人们无力处理"复杂问题"。"复杂问题"的概念是相对的，一旦人们采用了先进的组织形式、开发方法及工具来提高软件开发的效率和能力，那么，新的、更大的、更复杂的问题就会出现。

（四）软件危机的解决途径

软件工程学诞生于20世纪60年代末，作为一个新兴的工程学科，它主要研究软件生产的客观规律性，建立与系统化软件生产有关的概念、原则、方法等，指导和支持软件系统的生产活动，以降低软件生产成本、改进软件产品质量、提高软件生产率。软件工程学从硬件工程学和其他人类工程学中吸收了许多成功的经验，明确提出了软件生命周期的模型，发展了许多在软件开发与维护阶段适用的技术和方法，并在软件工程实践中取得了良好的效果。在软件的开发过程中，人们开始研制和使用软件工具辅助软件项目管理与技术生产，并且将软件生命周期各阶段使用的软件工具有机地集合成一个整体，形成能够支持软件开发与维护全过程的集成化软件支援环境，以期从管理和技术两方面解决软件危机问题。

此外，人工智能与软件工程的结合是20世纪80年代末人们研究的热点问题，基于程序变换、自动生成和可重用软件等的软件新技术研究也取得了一定的进展，这些研究推进了程序设计自动化的进程。在软件工程理论的指导下，发达国家已经建立起较为完备的软件工业化生产体系，形成了强大的软件生产能力，软件标准化与可重用性得到了工业界的高度重视，这在避免重用劳动、缓解软件危机方面起到了重要作用。

二、软件工程的出现

1968 年，在北大西洋公约组织（North Atlantic Treaty Organization，NATO）的国际软件工程会议上首次提出了"软件危机"一词。为了解决当时大规模暴发的软件危机，1968 年、1969 年连续召开了两次 NATO 会议，并提出了"软件工程"的概念。

软件工程是一门旨在生产无故障的、及时交付的、在预算范围内的、满足用户需求的软件的学科。实质上，软件工程就是采用工程的概念、原理、技术和方法来开发与维护软件，把经过时间考验的正确的管理方法和最先进的软件开发技术结合起来，应用到软件开发和维护的过程中。软件工程是指导软件设计、开发人员进行项目实施的思想、方法和工具。1993 年，电气和电子工程师协会为软件工程下的定义是"将系统化的、规范化的、可度量的方法应用于软件的开发、运行和维护过程，即将工程化应用于软件；对这个方法的研究"。

（一）软件工程学的内容

软件开发的目标是优质高产，为了实现这个目标，从技术到管理，都需要制定相应的管理办法。在这个过程中，"软件工程学"逐渐形成。

1.软件开发方法学

在软件发展的第一阶段，程序员需要独立完成所有的设计、开发工作，软件开发并无统一的方法可言。到了软件发展的第二阶段，结构化程序设计的兴起使得程序员认识到采用结构化的方法编写程序，不仅可以使程序清晰可读，而且能提高软件的生产效率和可靠性。随着软件发展到第三阶段，人们逐渐认识到编写程序只是软件开发过程中的一个环节，软件开发还包括"需求分析""软件设计""程序编码"等多个环节。在这一阶段，人们把结构化的思想应用到了分析环节和设计环节，这时也有了许多软件开发的方法，如 Jackson 方法等。到了软件发展的第四阶段，包括"面向对象需求分析—面向对象设计—面向对象编码"在内的现代软件工程方法开始形成，这些方法是现在许多软件工程师的首选方法。面向对象技术还促进了软件复用技术的发展，使软件复用成为现实。

2.软件工具

常用的软件工具一般包括软件开发工具和软件测试工具。软件开发工具是辅助软件生命周期过程的基于计算机的工具，可以减少手工方式管理的负担。在软件开发初期，人们认为软件工具就是程序代码的编译、解释程序等环境工具。例如，使用 C 语言开发一个应用软件时，首先要用一个"字符处理编辑程序"生成源代码程序，然后调用 C 语言的编译程序对源代码程序进行编译，使其成为计算机能够执行的目标代码程序。如果编译过程中出现错误，就要利用该编辑软件修改错误，然后使用编译程序重新编译，直到生成正确的目标代码。目前，软件开发工具包是一些被软件工程师用来开发应用软件的特定的软件包、软件框架、硬件平台、操作系统等开发工具的集合。

在整个软件项目开发阶段，如需求分析、设计和测试等阶段，也有许多软件测试工具。软件测试工具能够将软件的一些简单问题直观地显示在测试人员面前，这样能使测试人员更方便地找出软件的错误。软件测试工具分为自动化软件测试工具和测试管理工具。软件测试工具存在的价值是提高测试效率，用软件代替一些人工输入。

方法和工具是软件开发技术中密切相关的两大支柱。当一种软件开发方法被提出并被证明有效时，一些相应的工具就会随之出现，人们通过使用新工具，了解新方法，从而推动新方法的普及。

3.软件工程环境

软件工程环境指的是以软件工程为依据，支持典型软件生产的系统。

软件开发是否能成功与开发方法和开发工具有很大关系，而软件开发环境对软件开发也极为重要。操作系统的基本类型有三种，即批处理系统、分时系统和实时系统。下面以从批处理系统到分时系统的发展过程为例，说明系统环境对软件开发的重要性。

在批处理操作系统时代，程序员开发的程序被分批输入中心计算机，整个作业的执行也不能被干预，出现的错误必须等执行完成后再修改。程序员只能断断续续地跟踪自己编写的程序，思路经常被中断，工作效率难以提高。分时操作系统的出现和应用使开发人员都可以在自己使用的终端上跟踪程序的开发和运行，而且程序员在完成自己代码段时，不会影响到其他人，仅此一点，就提高了开发效率。在软件开发工作中，人们坚持不懈地创造着良好的软件开发环境，如各种 Unix 版本操作系统、Microsoft Windows 系列操作系统、Linux 操作系统，以及形式繁多的网络计算环境等。

4.软件工程管理

软件工程管理的主要任务有软件可行性分析与成本估算、软件生产率与质量管理、软件计划与人员管理等。对技术先进的大型项目进行开发，即便是管理技术较为成熟的发达国家，如果没有一套科学的管理方法，也是不可能取得成功的。在我国管理水平不高、资金比较紧缺的情况下，大型软件项目开发的管理方法及技术显得尤为重要。

软件工程管理的对象是软件工程项目，因此软件工程管理覆盖了整个软件工程过程。软件工程管理是一种非线性管理，它存在于软件生命周期的各阶段，包括成本预算、进度安排、人员组织和质量保证等多方面的内容。就软件工程管理的发展而言，一个较好的工程管理应用，应该同时具备支持软件开发和项目管理两方面的工具。软件工程管理的目的就是使人们按照计划和预算完成软件开发，实现预期的经济效益和社会效益。

（二）软件工程的层次化结构

软件工程的层次化结构分为四个层次，即工具层、方法层、过程和技术层、质量保证层。

工具层指的是为软件工程方法和过程提供的自动或半自动化的支撑环境。目前，市场上已经有很多软件工程开发工具，如 Microsoft 公司推出的界面优秀的绘图工具 Visio 和应用方便的项目管理工具 Project 等。软件工程工具可以有效地改善软件开发环境，提高软件开发的效率，降低开发成本。

方法层提供软件开发的各种方法，包括分析软件需求、实现软件设计、测试和维护软件等。

过程和技术层定义了一组关键过程域框架，目的是保证有效地应用软件工程技术，及时、高质量和科学合理地开发出软件。

质量保证层提供全面的质量管理和质量需求，不仅是推动软件过程不断改进的动力，也是推动软件工程方法向更加成熟的方向前进的动力。

第三节 软件开发工程化

一、软件开发的发展过程

软件由计算机程序和程序设计的概念发展而来，是在程序和程序设计逐渐商品化的过程中形成的。软件开发的演变过程经历了三个阶段，即程序设计阶段、软件设计阶段和软件工程阶段。

（一）程序设计阶段

程序设计阶段是 1946 年至 1955 年。此阶段尚无软件的概念，程序设计主要围绕硬件展开，规模较小，工具简单，无明确分工（开发者和用户），追求节省空间和编程技巧，无文档资料（除程序清单外），主要用于科学计算。

（二）软件设计阶段

软件设计阶段是 1956 年至 1970 年。此阶段硬件环境相对稳定，出现了"软件作坊"的开发组织形式，软件产品（可购买的软件）开始被广泛使用。随着计算机技术的发展和计算机的普及，软件系统的规模越来越庞大，高级编程语言层出不穷，软件的应用领域不断扩大，开发者和用户有了明确的分工，社会对软件的需求量剧增。但在这一阶段，软件开发技术没有重大突破，软件产品的质量不高，生产效率低下，由此产生了软件危机。

（三）软件工程阶段

自 1970 年起，软件开发进入了软件工程阶段。软件危机迫使人们研究软件开发的技术手段和管理方法。在这个阶段，硬件已向微型化、网络化和智能化发展；数据库技术已成熟并被广泛应用；第三代、第四代语言已出现；第一代软件技术中的结构化程序设计在数值计算领域取得了优异成绩；第二代软件技术中的软件测试技术、方法、原理已被应用于软件生产过程；第三代软件技术中的处理需求定义技术已被应用于软件需求分析和描述。

如何在因特网平台上进一步整合资源，形成巨型的、高效的、可信的虚拟环境，使所有资源能够高效、可信地为所有用户服务，是未来软件技术的研究热点之一。软件复用和软件构件技术被视为解决软件危机的现实可行的途径，是软件工业化生产的必由之路。软件工程会朝着可以确定行业基础框架、指导行业发展和技术融合的开放性计算的方向发展。

最近几年出现了一种观点——"软件是一种服务"。软件不再在本地计算机上运行，而是被放在所谓的"计算云"中。"计算云"是提供云计算的平台。云计算是基于互联网的相关服务的增加、使用和交付模式，按使用量付费。这种模式可提供可用的、便捷的、按需的网络访问。用户进入可配置的计算资源共享池后（资源包括网络、服务器、存储、应用软件、服务），只需投入很少的管理工作，与服务供应商进行很少的交互，就能快速地享用这些资源。云计算是继 20 世纪 80 年代大型计算机到"客户端—服务器"的大转变之后的又一巨变。云计算是分布式计算、并行计算、效用计算、网络存储、虚拟化、负载均衡、热备份冗余等传统计算机与网络技术发展融合的产物。云计算将计算分布在大量的分布式计算机上，而非本地计算机或远程服务器中，使企业数据中心的运行与互联网更相似，企业也能够将资源切换到需要的应用上，根据需求访问计算机和存储系统。

云计算背景下，传统的软件工程需要不断创新、发展。在传统的软件开发过程中，如果软件使用者确定了对软件的需求，软件开发者就需要按照传统的软件工程开发模型设计软件，而需求的改变可能会导致软件架构的改变，这种改变对软件设计有巨大影响。云计算背景下，需求是不断变化的。比如，某软件预期的使用人数只有一万，但是该软件上线后很受欢迎，使用人数达到了百万，大大超过了之前的软件设计容量，这时，软件开发者就可以通过云计算，对软件的运行环境进行动态扩充，即只要对软件稍做修改，就可使软件继续平稳运行。云计算的动态性，可以动态地改变软件的运行环境，可以最大限度地减少整个软件结构需要做的改动。对于在开发过程中要更改架构的程序，软件开发者只需要改变其本地代码。对于云端服务器，软件开发者只要进行简单的设置就可以让程序顺利地运行。此外，传统的软件工程开发多数是软件工程师采用集中开发的方式，以求最高的开发效率，开发组织大部分局限在某一个具体的公司里，组织之外的人想要参与此项目是非常困难的。在云计算的时代，人们只需要远程操作云服务器就能完成软件的开发部署工作，所以即使软件工程师身处世界不同地点，也能共同完成同一个工程，每个人只需要按时完成自己所负责的工作即可，这使得开发组织变得更加开放、包容、多元化。

现在，越来越多的人意识到云计算的好处，并且开始接受、采用云计算，软件工程行业也是如此。云计算服务器为开发人员提供了更加宽广的开发平台，使开发人员可以从复杂的运行环境中抽身出来，专注于业务的实现，让软件变得更加可靠。

此外，云计算、移动互联网的发展和大数据时代的到来，使传统的软件工程面临着新的机遇与挑战，处于变革时期。随着软件资源的大量积累与有效利用，软件生产的集约化与自动化程度都将迅速提高，软件生产质量与效率的大幅度提高也有可能实现。

二、软件工程的基本原理

自从 1968 年"软件工程"这一术语被提出，研究软件工程的专家陆续提出了 100 多条关于软件工程的准则或信条。美国著名的软件工程专家贝姆综合这些专家的意见，并总结美国天合公司多年的开发软件经验，于 1983 年提出了软件工程的基本原理。

贝姆认为，软件工程的原理是确保软件产品质量和开发效率的最小集合，它们相互独立，但缺一不可，同时，它们又相当完备。人们不能用数学方法严格证明它们是一个完备的集合，但是可以证明，在此之前已经提出的 100 多条软件工程准则都蕴含在其中。

软件工程原理主要表现在以下七个方面：

1.用分阶段的生命周期计划严格管理

这一原理是在吸取前人教训的基础上提出来的。统计表明，50%以上的失败项目是由计划不周造成的。在软件开发与维护的漫长生命周期中，人们需要完成许多性质各异的工作。这条原理意味着人们应该先把软件生命周期分成若干阶段，然后制定出相应的切实可行的计划，最后严格按照计划对软件的开发和维护进行管理。

贝姆认为，在整个软件生命周期中，人们应制定并严格执行六类计划，即项目概要计划、里程碑计划、项目控制计划、产品控制计划、验证计划、运行维护计划。

2.坚持进行阶段评审

统计表明，大约 63%的错误是在编码之前造成的。错误发现得越晚，改正它要付出的代价就越大。一般而言，设计错误的纠正代价是实现错误的纠正代价的 1.5～3 倍。因此，软件的质量保证工作不能等到编码结束后再进行，应坚持严格的阶段评审，以便尽早发现错误。

3.实行严格的产品控制

开发人员最头疼的事情就是改动需求，而需求的改动又是不可避免的，这就要求开发人员在软件开发过程中要采用科学的产品控制技术，当需求变动时，各个阶段的文档或代码应随之变动，以保证软件的一致性。

4.采用现代程序设计技术

从过去的结构化软件开发技术到最近的面向对象技术，从第一代语言、第二代语言到第四代语言，人们已经充分认识到"方法大于气力"这一真理。采用先进的技术既可以提高软件开发的效率，又可以减少软件维护的成本。

5.结果应能被清楚地审查

软件是一种不具备物理实体的逻辑产品。软件开发小组的工作进展情况可见性差，难以评价和管理。为了更好地进行管理，人们应根据软件开发的总目标及完成期限，明确规定开发小组的责任和产品标准，从而使工作结果能被清楚地审查。

6.开发小组的人员应少而精

开发人员的素质和数量是影响软件质量和开发效率的重要因素，开发小组的人员应该少而精。这一条基于两点原因：其一，高素质开发人员的工作效率要比低素质开发人员的工作效率高几倍，甚至几十倍，其在开发工作中犯的错误也要比低素质开发人员少得多；其二，当开发小组有 N 个人时，通信信道可能为 N（N－1）/2，随着 N 的增大，通信开销也将急剧增大。

7.承认不断改进软件工程实践的必要性

只要遵从上述六条基本原理，就能较好地实现软件的工程化生产。但是，它们只是对现有经验的总结和归纳，并不一定能赶上技术不断前进的脚步。因此，贝姆将承认不断改进软件工程实践的必要性作为软件工程的第七条原理。根据这条原理，开发人员不仅要积极采纳新的软件开发技术，还要不断总结经验，收集进度和消耗等数据，进行出错类型和问题报告统计。这些数据既可以用来评估新的软件技术的效果，也可以用来指明人们必须注意的问题和应该优先进行研究的工具和技术。

第四节 软件工程方法

一、软件工程方法的定义

人们通常把在软件开发过程中使用的一整套技术方法的集合称为软件工程方法。软件工程方法包含三个要素，即方法、工具和过程。

方法是完成软件开发各项任务的技术方法，回答"怎样做"的问题。工具是为运用方法而提供的自动的或半自动的软件工程支撑环境。软件开发工具用于辅助软件生命周期过程，减少手工方式管理的负担，让软件工程更加系统化。工具的种类包括支持单个任务的工具和囊括整个开发过程的工具。过程是为了获得高质量的软件所需要完成的一系列任务的框架，它规定了完成各项任务的工作步骤。

二、软件工程方法的类型

软件工程方法是软件工程的核心内容。20世纪60年代末至今，出现了许多软件工程方法，其中最具影响力的是结构化方法、面向对象方法和形式化方法。

（一）结构化方法

结构化方法是一种传统的软件开发方法，一般包括结构化分析、结构化设计等内容。它的基本思想是把一个复杂问题的求解过程分成几个阶段，而且这种分解是自顶向下的逐层分解，这样能把每个阶段需要处理的问题控制在人们容易理解和处理的范围内。采用结构化方法时，先将软件开发全过程依次划分为若干个阶段，然后通过结构化技术来完成每个阶段的任务。结构化方法有两个特点：其一，强调自顶向下地完成软件开发的各阶段任务；其二，要么面向行为，要么面向数据，缺乏使两者有机结合的机制。

需要注意：结构化方法是一个思想准则的体系，它虽然有明确的阶段和步骤，但是也集成了很多原则性的内容。所以，人们学习结构化方法时，仅通过理论知识了解是不够的，还要在实践中慢慢理解，并将其变成自己的方法学。

结构化分析的步骤如下：

（1）分析当前的情况，做出可以反映当前物理模型的数据流图。

（2）推导出等价的逻辑模型的数据流图。

（3）设计新的逻辑系统，生成数据字典和基元描述。

（4）建立人机接口，提出可供选择的目标系统物理模型的数据流图。

（5）确定各种方案的成本和风险等级，据此对各种方案进行分析。

（6）选择一种方案。

（7）建立完整的需求规约。

结构化设计方法通常与结构化分析方法衔接起来使用，以数据流图为基础得到软件的模块结构。结构化设计方法适用于变换型结构和事务型结构的目标系统。在设计过程中，它从整个程序的结构出发，利用模块结构图表述程序模块之间的关系。

结构化设计的步骤如下：

（1）评审和细化数据流图。

（2）确定数据流图的类型。

（3）把数据流图映射到软件模块结构上，并设计出模块结构的上层。

（4）基于数据流图逐步分解高层模块，并设计中下层模块。

（5）优化模块结构，得到更合理的软件结构。

（6）描述模块接口。

（二）面向对象方法

面向对象方法是一种把面向对象思想应用于软件开发过程中，指导开发活动的系统方法。面向对象方法是建立在"对象"概念基础上的方法学。对象是由数据和容许的操作组成的封装体，与客观实体有直接对应关系。面向对象就是基于对象概念，以对象为中心，以类和继承为构造机制，从而认识、理解、刻画客观世界和设计、构建相应的软件系统。

面向对象方法起源于面向对象的编程语。20 世纪 50 年代后期，在用 FORTRAN 语言编写大型程序时，常出现变量名在程序的不同部分发生冲突的问题。鉴于此，ALGOL

语言的设计者在 ALGOL60 中采用了 Begin…End 为标识的程序块，使块内变量名成为局部的，以避免它们与程序中块外的同名变量相冲突。这是人们在编程语言中首次提供封装（保护）。此后，程序块结构被广泛应用于高级语言（如 Pascal 语言、Ada 语言、C 语言）中。

20 世纪 60 年代中后期，Simula 语言在 ALGOL 语言的基础上诞生，提出了对象的概念，并使用了类，也支持类继承。20 世纪 70 年代，Smalltalk 语言诞生，它将 Simula 语言的类作为核心概念，但大部分内容却借鉴了 LISP 语言。美国施乐公司经过对 Smalltalk72/76 持续不断的研究和改进，于 1980 年推出了商品化的 Smalltalk 80，它在系统设计中强调对象概念的统一，引入了对象、对象类、方法、实例等概念和术语，采用了动态联编和单继承机制。

自 20 世纪 80 年代起，人们在客观需求的推动下，基于以往已提出的有关信息隐蔽和抽象数据类型等概念，在 Modula-2、Ada 和 Smalltalk 等语言的基础上，进行了大量的理论研究和实践探索。自此，不同类型的面向对象的语言逐步建立并发展。

面向对象源于 Simula，而真正面向对象的编程则是在 Smalltalk 的基础上发展而来的。Smalltalk 现在被认为是最纯的编程语。通过对 Smalltalk80 的研制与推广，人们注意到了面向对象方法所具有的模块化、信息封装与隐蔽、抽象性、继承性、多样性等独特之处，这些优异的特性为人们研制大型软件，提高软件的可靠性、可重用性、可扩充性和可维护性提供了有效的手段和途径。

20 世纪 80 年代后，面向对象的基本概念和运行机制开始被运用到其他领域，人们由此获得了一系列相应领域的面向对象技术。面向对象方法已被广泛应用于程序设计语言、形式定义、设计方法学、操作系统、分布式系统、人工智能、实时系统、数据库、人机接口、计算机体系结构、并发工程、综合集成工程等领域，并得到了很大的发展。1986 年，美国举行了首届"面向对象编程、系统、语言和应用"国际会议，使面向对象方法得到了广泛关注。该会议每年举行一次，标志着面向对象方法的研究已普及到全世界。

面向对象方法遵循一般的认知方法学的基本概念（即有关演绎—从一般到特殊和归纳—从特殊到一般的完整理论和方法体系）。

面向对象方法主要有以下三个要点：

（1）认为客观世界是由各种"对象"组成的，任何事物都是对象。每一个对象都有自己的运动规律和内部状态；每一个对象都属于某个"对象类"，都是某个对象类的一个元素。复杂的对象可以由相对简单的各种对象以某种方式构成。不同对象的组合及相互作用构成了人们要研究、分析和构造的客观系统。

（2）通过类比，发现对象间的相似性，即对象间的共同属性，这就是构成对象类的依据。

（3）对已分成类的各个对象，可以通过定义一组"方法"来说明该对象的功能，即允许作用于该对象上的各种操作。对象间的相互联系通过传递"消息"来完成。消息就是通知对象去完成一个允许作用于该对象的操作，至于该对象完成这个操作的细节，则是封装在相应的对象类的定义中的，细节对于外界是隐蔽的。

面向对象方法的具体步骤如下：

（1）分析并确定在问题空间和解空间出现的全部对象及其属性。

（2）确定要施加到每个对象上的操作，即对象固有的处理能力。

（3）分析对象间的联系，确定对象之间传递的消息。

（4）设计对象消息模式，消息模式和处理能力共同构成对象的外部特性。

（5）分析各个对象的外部特性，将具有相同外部特性的对象归为一类，从而确定所需要的类。

（6）确定类间的继承关系，将各对象的公共性质放在较上层的类中描述，通过继承来共享对公共性质的描述。

（7）设计每个类关于对象外部特性的描述。

（8）设计每个类的内部实现（数据结构和方法）。

（9）创建所需的对象（类的实例），实现对象间应有的联系（发消息）。

面向对象方法是将数据和对数据的操作紧密结合起来的方法。软件开发过程是多次迭代的演化过程。面向对象方法在概念和表示方法上的一致性，保证了各项开发活动之间的平滑过渡。对于大型的、复杂的及交互性比较强的系统，面向对象方法更具优势。

（三）形式化方法

形式化方法是一种基于形式化数学变换的软件开发方法，它可以将系统的规格说明转换为可执行的程序。

在计算机科学和软件工程领域，形式化方法是基于数学的特种技术，适合软件和硬件系统的描述、开发和验证。人们将形式化方法用于软件和硬件设计中，是期望能够使用适当的数学分析来提高设计的可靠性和稳健性。但是，采用形式化方法所需的成本较高，所以人们通常用它开发注重安全性的高度整合的系统。

在古代，人们就已经运用形式化方法了。在现代逻辑中，形式化方法有了进一步的发展和完善。目前，这种方法在数学、计算机科学、人工智能等领域被广泛运用。它不仅能精确地揭示各种逻辑规律，制定相应的逻辑规则，使各种理论体系更加严密，还能正确地训练人的思维，提高人的抽象思维能力。

第二章 计算机软件测试

第一节 计算机软件测试的基本内容

软件测试是为了发现错误而执行程序的过程，也可以说，软件测试是根据软件开发各阶段的规格说明和程序的内部结构，精心设计一批测试用例（即输入数据及其预期的输出结果），再利用这些测试用例运行程序，以发现程序错误的过程。

测试是所有工程学科的基本组成单元，是软件开发的重要组成部分。自程序设计出现，测试就一直存在。统计表明，在典型的软件开发项目中，软件测试工作量往往占软件开发总工作量的40%以上；在软件开发的总成本中，用在测试上的成本要占30%～50%。如果软件生存期包括软件维护阶段，那么，测试的成本比例也许会降低。但实际上，维护工作相当于软件的二次开发，乃至多次开发，其中必定还包含许多测试工作。

软件测试的过程涵盖了软件生存周期中的两个阶段。在编码之后，通常要对编码的内容进行基本测试，以保证代码功能的正确性，这个过程就是单元测试的部分。编码和单元测试的过程往往联系在一起。编码结束之后，要进行集成测试，以保证软件的开发质量。测试人员和编程人员一般都是分开的。

测试的层次性来源于错误的多样性。一个多模块的程序可能含有不同类型的错误，错误的种类不同，检测的方法与时机也不同。把测试划分层次后，测试人员就能在不同层次内把重点放在不同类型的错误上，以取得更好的测试效果。

第二节 计算机软件测试的方法与过程

一、计算机软件测试的方法

软件测试是执行程序的过程，即被测程序要在机器上运行。其实，在不执行程序的情况下，测试人员也可以发现程序的一些错误。为便于区分，一般把前者称为"动态测试"，后者称为"静态分析"。广义地说，它们都属于软件测试，详见图2-1。

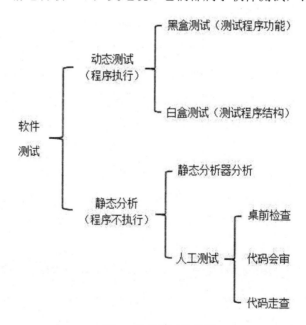

图 2-1 软件测试的种类

（一）动态测试

动态测试有两种：第一种把被测程序看成一个黑盒，根据程序的功能来设计测试用例，这种测试方式被称为黑盒测试；第二种根据被测程序的内部结构设计测试用例，测试者需提前了解被测程序的结构，这种测试方式被称为白盒测试。

1.黑盒测试

黑盒测试根据被测程序的功能来进行测试，主要着眼于程序的外部结构，针对软件界面和软件功能进行测试，不考虑程序的内部逻辑结构，所以也被称为功能测试或数据驱动测试。它是在已知产品应具有的功能的情况下，通过测试来检查每个功能是否都能正常使用。测试者在程序接口进行测试，只检查程序功能是否能按照需求规格说明书的规定正常使用，程序是否能在适当地接收输入数据后产生正确的输出信息并保持外部信息（如数据库或文件）的完整性。用黑盒测试方式设计测试用例，主要有以下几种常用技术：

（1）等价类划分法

等价类划分不需要考虑程序的内部结构，只需要依据程序的规格说明来设计测试用例，是一种典型的黑盒测试方式。由于人们不可能用所有可以输入的数据来测试程序，只能从全部可供输入的数据中选择一个子集对程序进行测试，因此如何选择适当的子集，以尽可能多地发现错误，是使用黑盒测试时需要解决的问题。

解决上述问题的办法之一就是等价类划分。等价类划分，是把输入数据的可能值划分为若干等价类，使每类中的任何一个测试用例都能代表同一等价类中的其他测试用例。换句话说，如果从某一等价类中任意选出一个测试用例对程序进行测试时，未能发现程序的错误，就可以认为用该类中的其他测试用例对程序进行测试也不会发现程序的错误，测试某等价类的代表值就等于对这一类其他值的测试。这样，人们就可以把漫无边际的随机测试变成有针对性的等价类测试，用少量有代表性的例子来代替大量内容相似的测试，进而实现测试的经济性。等价类划分有两种不同的情况。

①有效等价类。有效等价类是由合理的、有意义的输入数据构成的集合。使用有效等价类构造测试用例，主要目的是检测程序是否实现了规格说明预先规定的功能和性能。

②无效等价类。无效等价类是由不合理的、无意义的输入数据构成的集合。使用无效等价类构造测试用例，主要目的是检测程序是否能够拒绝无效数据输入，被测试对象在运行初始条件下具备的可靠性如何。

人们若想正确确定等价类，需要做到三点：其一，要注意积累经验，其二，要正确分析被测程序的功能，其三，要利用前人总结出来的规则。前人总结出来的规则主要有以下几种：

①如果规定了输入值的范围，则可以划分为两个等价类：一个是有效等价类，其输入值在取值范围之内；另一个是无效等价类，输入值一般在取值范围之外，可以选取小于取值范围内的最小值或大于取值范围内的最大值的值。

②如果规定了输入数据的个数，则一般也是划分为有效等价类和无效等价类两种。有效等价类在规定的输入数据的个数范围内选取，无效等价类则在规定的输入数据的个数范围外选取。

③如果规定了输入数据的一组值，而且程序对不同输入值做了不同处理，则每个被允许的输入值是一个有效的等价类，此外还有一个无效的等价类，这个无效的等价类可以是任意一个不被允许的输入值。

④如果规定了输入数据必须遵循的规则，则可以划分出一个符合规则的有效等价类和一个不符合规则的无效等价类。

⑤如果规定了输入数据的类型，则可以设置一个规定类型的数据作为有效等价类，然后输入一些其他类型的数据作为无效等价类。

上面列出的启发性规则虽然都是针对输入数据的，但是其中绝大部分也同样适用输出数据。

采用等价类划分法要注意以下两点：

第一，划分等价类不仅要考虑代表"有效"输入值的有效等价类，还要考虑代表"无效"输入值的无效等价类。

第二，允许若干有效等价类合用同一个测试用例，以减少测试的次数。要注意的是，每一个无效等价类至少要用一个测试用例，不然就可能会漏掉某一类错误。

（2）边界值分析法

在等价类划分中，测试用例都是从各等价类中任意选取的，并没有考虑同一等价类中各组数据在发现隐藏错误方面的差异。根据长期的测试工作经验可以得知，程序在处理边界情况时往往会因为疏忽而发生编码错误，大量的错误都发生在输入或输出范围的边界上，而不是发生在输入范围的内部。边界值是指输入等价类或输出等价类边界上的值。使用边界值分析方法，首先要确定各等价类的边界情况，选取的测试数据应该是刚好等于、刚好小于和刚好大于等价类边界值的数据，而不是每个等价类内的典型值或任意值。

（3）错误推测法

错误推测法，是推测被测程序在哪些地方容易出错，然后针对可能出现错误的薄弱环节来设计测试用例。对于不大的测试对象，如果在测试时机械地使用等价类划分法或者边界值分析法，可能需要十分庞大的测试用例。因此，有经验的测试人员往往会根据经验与直觉，推测程序中可能存在的各种错误，从而有针对性地编写检查这些错误的测试用例，实现高效的测试，这就是错误推测法。错误分析法与等价类划分法和边界值分析法相比，更加依靠测试人员的直觉与经验，所以人们一般会用等价类划分法和边界值分析法设计测试用例，而错误推测法只作为辅助手段。

2.白盒测试

白盒测试一般采用逻辑覆盖测试法。

逻辑覆盖测试法是以程序内部的逻辑结构为基础的设计测试用例的方法。此方法要求测试人员对程序的逻辑结构有清楚的了解，甚至要掌握源程序的所有细节。

进行逻辑覆盖测试时，测试人员考察的重点是流程图中的判定框（菱形框），因为这些判定不是与选择结构有关，就是与循环结构有关，是决定程序结构的关键成分。

按照对被测程序所做测试的有效程度，逻辑覆盖测试可由弱到强分为语句覆盖、判定覆盖、条件覆盖、判定/条件覆盖和条件组合覆盖五种，具体见表2-1。

表2-1 逻辑覆盖测试的五种覆盖标准

发现错误的能力	弱 ↓ 强	语句覆盖	每条语句至少执行一次
		判定覆盖	每一判定的每一分支至少执行一次
		条件覆盖	每一判定中的每一条件，分别按"真""假"至少各执行一次
		判定/条件覆盖	同时满足判定覆盖和条件覆盖的要求
		条件组合覆盖	求出判定中所有条件的各种可能组合值，每一可能的条件组合至少执行一次

（二）静态分析

静态分析，通过对被测程序的静态审查来发现代码中潜在的错误。静态分析一般通过人工方式脱机完成，所以也被称为人工测试或代码评审。静态分析也可借助静态分析器在机器上以自动方式进行，但不要求程序本身在机器上运行。按照评审的不同组织形式，代码评审又可分为代码会审、代码走查和桌前检查三种。代码会审是通过阅读、讨论对程序进行静态分析的过程。

静态分析还可以测试各种软件文档，对文档的检测可以采用人工检测手段和计算机辅助手段。采用人工检测手段是指测试者通过仔细阅读各种文档和程序代码，发现需求和设计文档中相互矛盾、不一致的地方，以及代码中隐藏的缺陷。软件开发初期，静态分析尤为重要。

1.源程序静态分析

人们通常采用以下方法进行源程序静态分析：

（1）生成各种引用表

测试人员可以从表中直接查到说明/使用错误，为用户提供相关的辅助信息。

（2）静态错误分析

静态错误分析主要用于确定在源程序中是否有某类错误或"危险"结构。静态错误分析主要包括以下几种类型：

第一，类型和单位分析，这是为了发现在数据类型和单位上的错误与不一致。

第二，引用分析，沿着程序的执行路径，检查某些变量在被赋值前是否被引用（变量只有在被正确的赋值之后才能进行引用）。

第三，表达式分析，即对表达式进行分析，发现和纠正表达式中可能存在的问题和错误，如表达式不正确地使用括号、数据下标越界、除数为零、对负数开平方等。

第四，接口分析，这主要是检查函数过程之间接口的一致性、形参和实参的对应关系上的一致性、全局变量和公共数据区在使用上的一致性等。

2.人工测试

在静态分析中，有一部分需要人工测试，人工测试的主要方法包括桌前检查、代码会审和代码走查。经验表明，使用这些方法能够发现一些逻辑设计和编码错误。

（1）桌前检查

软件在软件工具编译后、进行单元测试前，程序员通常要检查自己写的代码（包括对代码进行分析、检验并完善相应的文档），以发现程序中的问题。桌前检查的检查项目包括变量的交叉引用表、标号的交叉引用表、子程序和函数、等值性、常量、标准、风格、控制流、选择/激活路径等。

（2）代码会审

代码会审是由若干程序员和测试员组成一个会审小组，通过阅读、讨论对程序进行静态分析的过程。代码会审时，小组成员首先要熟悉相关的文档（如设计规格说明书、控制流程图、程序文本及有关要求等），然后程序员进行讲解，其他的小组成员进行分析和讨论。实践证明，通过这样的方式，人们可以发现许多之前未曾发现的问题。另外，参会人员在会审之前，通常会拿到一份常见的错误清单，以供会审时使用。

（3）代码走查

代码走查与代码会审基本相同，也是先下发相关资料，与会者认真地研究资料，然后按照程序执行的路径和逻辑将程序运行一遍。在分析之前，与会者会先测试一批有代表性的测试用例，并记录相关信息，以在分析和讨论时使用。在这个过程中，与会者相当于运行程序的计算机。

二、计算机软件测试的过程

按照软件工程的观点，多模块程序的测试包括单元测试、集成测试、确认测试和系统测试，下面主要介绍单元测试和集成测试。

（一）单元测试

单元测试是针对程序模块进行正确性检验的测试，其目的是发现各模块内部可能存在的各种差错。单元测试要从程序的内部结构出发，再设计测试用例。多个模块可以平行地、独立地进行单元测试。由于模块规模小、功能单一、逻辑简单，所以测试人员有可能通过模块说明书和源程序，清楚地了解该模块的 I/O 条件和模块的逻辑结构。单元测试可发现实现模块的实际功能与定义模块的功能说明不相符的部分，以及编码的错误。单元测试是层次测试的第一步，也是整个测试的基础。据估计，单元测试发现的错误约占程序错误总数的 65%，因此它是动态测试最基本的部分，也是最重要的部分。

1.单元测试的任务

（1）对模块代码进行编译，发现并纠正其语法错误。

（2）进行静态分析，验证模块结构及其内部调用序列是否正确。

（3）确定模块的测试策略，并据此设计一组测试用例和必要的测试软件。

（4）用选定的测试用例对模块进行测试，直至模块满足测试终止标准。

2.单元测试的内容

（1）模块接口测试

模块接口测试是单元测试的基础，主要通过测试被测模块的数据流，检查数据能否正确地通过模块。为此，测试人员必须对模块接口的参数表、调用子模块的参数、全程数据、文件输入/输出操作进行全面检查。

（2）局部数据结构测试

局部数据结构测试就是设计测试用例，以检查数据类型说明、初始化、缺省值等方面的问题，以及全程数据对模块的影响。检查局部数据结构是为了保证在模块内临时存储的数据在程序执行过程中完整、正确。

（3）路径测试

单元测试的基本任务是保证模块中的每条语句至少执行一次。选择适当的测试用例对模块中重要的执行路径进行测试，可以发现大量的路径错误。

（4）错误处理测试

错误处理测试就是检查模块的错误处理功能是否有错误或缺陷。例如，模块是否能拒绝不合理的输入；对出错的描述是否准确；对错误的定位是否有误；对出错原因的报告是否有误；对错误条件的处理是否正确；在对错误处理之前，错误条件是否已经引起系统的干预等。

（5）边界条件测试

边界条件测试是单元测试的最后一项任务，也是最重要的一项任务。众所周知，软件经常在边界上出错，采用边界值分析技术，针对边界值及其左、右设计测试用例，很有可能发现新的错误。

此外，如果对模块运行时间有要求，测试人员还要专门进行关键路径测试，以确定最坏情况下和平均情况下影响模块运行时间的因素。这类信息对性能评价十分有用。

3.单元测试的步骤

单元测试通常在编码阶段进行。单元测试的步骤是编译—静态分析器检查—代码评审—动态测试。源程序代码在编制完成并经过评审和验证，确认没有语法错误之后，就要设计测试用例。代码评审的目的是发现程序在结构、功能与编码风格等方面存在的问题和错误。组织良好的代码评审，可发现30%～70%的设计和编码错误，从而加快单元测试的进程，提高测试的质量。人们要利用设计文档，设计可以验证程序功能、找出程序错误的多个测试用例，对于每一组输入，应有预期的正确结果。

模块和外界通常有一定的联系。因此，人们在对模块进行测试的时候，需要用一些辅助模块去模拟被测模块同其他模块的联系。辅助模块主要分为驱动模块和桩模块。

（1）驱动模块

驱动模块相当于被测模块的上一级模块，它用来调用被测模块，接受相应的测试用例，然后把数据传递给被测模块，并产生相应的输出结果。

（2）桩模块

桩模块相当于被测模块的下一级模块，它可以实现子模块的简单数据操作功能，但不需要实现子模块的所有功能。

（二）集成测试

集成测试又称组装测试或联合测试，它是在单元测试的基础上，将模块或组件按照设计要求组装起来并进行测试。集成测试的主要目的是发现与接口有关的问题，即模块或组件之间的协调与通信问题，如数据穿过接口时可能会丢失，一个模块对另一个模块的疏忽可能会造成损害，把一些子功能组合起来可能不会产生预期的主功能，全局数据结构可能有问题等。

1.集成测试需要考虑的问题

（1）在把各个模块连接起来的时候，穿越模块接口的数据是否会丢失。

（2）一个模块的功能是否会对另一个模块的功能产生不利影响。

（3）各个子功能组合起来，是否会产生预期的主功能。

（4）全局数据结构是否有问题。

（5）单个模块的误差累积起来是否会放大至不能接受的程度。

（6）单个模块的错误是否会导致数据库错误。

2.集成测试的任务

（1）制定集成测试实施策略，如自顶向下、自底向上、两头逼近等。

（2）确定集成测试的实施步骤，设计测试用例。

（3）进行测试，即在已通过单元测试的基础上，逐一添加模块。人们选择某种方式把模块组装成一个可运行的系统方式，将会直接影响模块测试用例的形式、所用测试工具的类型、模块编号的次序、测试的次序、生成测试用例的费用和调试的费用等。

3.集成测试的策略

（1）一次性集成方式

这种方式是在所有模块都进行单元测试后，将所有模块按设计的结构图要求连接起来，并将连接后的程序看作一个整体进行测试。采用这种集成方式，会使接口缺陷与其他类型的缺陷混杂在一起，难以区分。

实际上，在一些很小型的软件项目中，可以使用这种非渐增方式进行系统集成测试，但在大型软件项目中，这种集成测试策略显然是不合适的。

（2）增殖式集成方式

增殖式集成方式是把下一个要测试的模块同已经测试好的模块连接起来进行测试，测试结束后，再把下一个要测试的模块连接进来进行测试的方式。使用这种方式把模块连接到程序中，按不同的次序实施时，有自顶向下和自底向上两种策略可供选择。

①自顶向下的增殖方式

自顶向下的集成测试首先要单独测试最顶层的模块或构件。最顶层的模块或构件一般是控制模块或构件，它可能会调用其他还没有被测试的模块或构件。自顶向下的增殖方式的思想如下：

从控制模块开始，沿着软件的控制层次向下移动，逐渐把各个模块结合起来。

②自底向上的增殖方式

自底向上的集成测试首先要单独测试位于系统最底层的模块或构件，然后将最底层的模块或构件与那些直接调用最底层的模块或构件的上一层模块或构件集成起来。这个过程一直持续下去，直到将系统中所有的模块或构件都集成起来，并形成一个完整的软件系统进行测试。

自顶向下的增殖方式和自底向上的增殖方式各有优缺点。自顶向下的增殖方式的优点是能较早地显示整个程序的轮廓，缺点是需要建立桩模块。由于桩模块是一个模拟的模块，不可能发现所有问题，所以自顶向下的增殖方式容易出现问题。自底向上的增殖方式可以实施多个模块的并行测试，但自底向上的增殖方式在组装和测试的过程中，直到最后一个模块加入才能形成一个完整的整体，不利于测试人员在整体上对程序进行把握。

在测试工作中，人是最有价值的资源，没有好的测试人员，测试就不可能顺利实现。软件测试人员只有具备一些非常优秀的品质，如洞察能力、沟通能力、技术能力、自信心、耐心等，才能做好测试工作，从而提高软件的质量。

第三节 计算机软件测试的文档

软件的各个阶段都有相应的文档，测试阶段也不例外。软件测试的文档主要包括测试计划和测试报告两个部分。

测试计划是对测试用例的选择、预期的结果、测试的终止条件等内容进行的设计。测试计划的主体是"测试内容说明"，它包括测试项目名称、实测结果与期望结果的比较、发现的问题，以及测试达到的效果等。

测试报告是测试人员通过将实际的结果同期望的结果相比较，发现软件的问题，再对该问题进行整理后写成的文档。测试报告的主体是"测试结果"，它包括测试项目名称、实测结果与期望结果的比较。

测试用例可以定义为"测试用例＝{测试数据＋期望结果}"，其中的"{}"是重复符，表示测试程序需要使用多个用例，每个测试用例都包括测试数据和对应的期望结果。测试结果就是在测试用例后面加上"实测结果"，即测试结果＝{测试数据＋期望结果＋实测结果}。因此，测试用例是关键的内容，它不仅是测试计划的中心，也是测试报告中必备的一项内容。

软件测试文档是用来描述要执行的软件测试及测试结果的文件。软件测试是一个复杂的过程。从测试的层次性可以看出，软件测试涉及软件周期中的各个阶段，对于保证软件的质量有着非常重要的作用。因此，人们需要将软件测试的整个过程以文件的形式记录下来。

测试文件的作用主要表现在以下几个方面：

（1）验证需求的正确性。

（2）检验测试资源。

（3）明确任务的风险。

（4）生成测试用例。

（5）评价测试结果。

（6）决定测试的有效性。

（7）便于再次测试。

第四节 计算机软件的调试

调试又称排错或纠错。软件的调试与软件的测试形影相随，测试完成以后就要对软件进行调试，实际上，这两种工作经常交叉进行。

调试与测试有着完全不同的含义。简单地说，测试只是一种检验，只能发现故障，却无法知道故障的根源。调试的任务则是找出人们在测试中发现的错误的原因和具体的位置，并对其进行改正。调试工作包括对错误进行定位并分析原因（即诊断），对错误部分进行重新编码以改正错误，对软件进行重新测试。软件测试成功的标志是发现错误，而软件调试成功的标志则是改正错误。

软件调试由程序员独自完成，是一项技巧性很强的工作。如果知道错误出现的原因和地点，改正工作通常比较简单，因此调试工作的重点是诊断。通常情况下，诊断约占调试工作总量的90%以上。因为一个错误的改正有可能引入新的错误，所以调试后需要重新测试软件。为了保证软件测试的客观性，测试通常由开发者以外的人员进行，而调试则要求调试人员对程序的结构和算法逻辑要十分熟悉。因此，调试工作主要由程序开发人员来进行。

调试工作非常艰苦，这是因为开发人员会受自身专业水平和心理因素的影响，除此之外，隐藏在程序中的错误具有以下特殊的性质：

（1）错误的外部征兆远离了引起错误的内部原因。在高度耦合的程序结构中，此现象更为严重。

（2）一个错误的纠正导致另一个错误现象暂时消失，但错误并未被实际排除。

（3）某些错误征兆只是假象。

（4）操作人员一时疏忽造成的某些错误不易被追踪。

（5）错误是由时序引起的，而非程序。

（6）输入条件难以精确地再构造，如某些实时应用的输入次序不确定等。

（7）错误征兆时有时无，此现象在嵌入式系统中尤其普遍。

（8）错误是由于把任务分布在若干台不同处理机上运行而造成的。

一、调试的原则

因为调试的主要任务是诊断和修改，所以调试的原则也是针对这两个方面的。

（一）诊断原则

（1）认真思考和分析与错误征兆有关的信息。一般最有效的调试策略是分析得出的，经验丰富的调试人员可以在不使用计算机的情况下就发现大多数错误。

（2）避开死胡同。在调试程序的时候，有些问题不是马上就可以找到原因的，针对这些问题，调试人员可以选择延后解决或者向别人求助，以提高调试效率。

（3）只把调试工具当作辅助手段来使用。调试工具不能代替人们思考，因此人们只能将其作为一种辅助手段来使用。

（4）避免使用猜测或试探的办法，最多只能把这种办法当作最后的手段。靠尝试来解决程序错误的行为较为盲目，调试成功的概率也不高，还有可能出现新的问题。所以，调试人员要避免使用猜测或试探的办法对程序进行调试。

（二）修改原则

（1）修改错误前，一定要仔细考虑，避免引入新的错误。

（2）要全面考虑。一般来说，错误的出现往往有集群现象，调试人员修改时，要考虑周围是否还有其他的错误。

（3）注意修改错误的本质，而非表象。如果提出的修改方案不能解释与这个错误有关的全部线索，那就表明这种修改方案只能修改错误的一部分。

（4）修改错误后，要进行回归测试，确认是否引入了新的错误。

（5）善于运用程序设计的方法。修改错误也是程序设计的一种形式。一般来说，在程序设计阶段使用的任何方法都可以运用到错误修正的过程中。

（6）修改源代码，而非目标代码。在一个较大的系统中，如果通过改变目标代码来修改错误，会使得源代码和目标代码不同步，重新编译的时候，以前的错误也会再次出现，因此要注意对源代码进行修改。

二、调试的步骤

调试的过程通常包括以下步骤：

（1）将测试用例输入程序，根据表现出来的错误现象确定程序中错误的位置。

（2）根据对部分程序的分析，找出程序中存在错误的内在因素。

（3）修改设计和代码，排除错误。

（4）重复进行暴露错误的原始测试或某些有关测试，以确认排除了错误且没有引进新的错误。

（5）如果修正无效，则撤销改动，将程序恢复到修改之前的状态。重复上述过程，直至找到一个有效的解决办法。

调试的过程通常会出现两种情况：第一，找到问题的根源并改正错误；第二，没有找到问题所在。遇到第二种情况时，人们可以采用猜想的办法来补充验证。

三、调试方法

虽然调试不是一项简单的工作，但还是有若干可以参考的方法和策略，下面介绍几种常见的调试方法。

（一）简单的调试方法

1.在程序中插入打印语句

此方法在实际的调试工作中十分常见。在程序中插入一条打印语句，随着程序的执行，动态地显示变量的运行结果，很容易发现程序中的相关信息。这个方法的缺点是可能会输出许多无关的数据，不能从本质上发现错误的位置，效率比较低。

2.运行部分程序

在调试过程中，有的错误可能只存在于某个程序段中，如果对整个程序反复调试会浪费较多时间，在这样的情况下，人们应尽量使程序只执行特定的程序段，以提高调试的效率。

3.借助调试工具

目前，大多数程序设计语言都有专门的调试工具，人们可以利用这些工具分析程序的动态行为，如借助"跟踪"功能跟踪子程序调用、循环与分支执行路径、特定变量的变化情况等；利用"设断点"引起程序中断，以便检查程序的当前状态。另外，借助调试工具还可以观察或输出内存变量的值，大大提高调试程序的效率。

（二）对分查找法

如果已经知道每个变量在程序内若干个关键点的正确值，人们就可以用赋值语句或输入语句在程序中点附近"注入"这些变量的正确值，然后运行程序并检查所得到的输出，根据输出的结果来断定出错的位置，这是对分查找法的基本操作思路。反复使用这个方法可以逐渐缩小调试的程序范围，直至确定错误的位置。

（三）归纳法

归纳是一种从特殊到一般的思维过程。归纳法排错的基本思想是从一些错误的现象入手，分析错误之间可能存在的联系，概括出其共同特点，进而得出其一般规律。归纳法从测试结果发现的线索入手，收集所有正确或不正确的数据，然后分析它们之间的联系，用这些数据推导出错误原因的假设，最后证明或否定提出的假设。

归纳法调试的具体操作步骤如下：

（1）收集有关的数据，即列出所有已知的测试用例和程序执行结果，看哪些输入数据的运行结果是正确的，哪些输入数据的运行结果有错误存在。

（2）组织数据。由于归纳是一种从特殊到一般的推断过程，因此人们需要组织、整理数据，以发现其中的规律。人们常用"分类法"构造一张线索表，以此来组织数据。

（3）提出假设，即分析线索之间的关系，利用在线索结构中观察到的矛盾现象，提出一个或多个关于出错原因的假设。如果不能提出假设，则重新选择测试用例来测试，以得到更多的数据；如果有多个假设，首先对可能性最大的进行证明。

（4）证明假设。假设不是事实，因此需要证明假设是否成立。人们可以将假设与原始线索或数据进行比较，若它能完全解释一切现象，则假设得到证明；否则，就认为假设不合理，或不完全合理。如果不对假设进行求证就直接改正错误，那人们就只能改正错误的一部分或者错误的一个表现，而不能从根本上改正错误。当不能证明假设成立时，人们就需要提出新的假设。

（四）演绎法

演绎法是一种从一般的推测和前提出发，运用排错和推断过程来导出结论的思考方法。演绎法是调试人员根据测试结果，先列出所有可能的错误原因，然后利用测试数据排除不适当的假设，最后利用测试数据验证余下的假设确实是出错的原因，并据此利用已有数据对程序进行完善。

演绎法调试的具体操作步骤如下：

（1）列出所有可能的错误原因的假设。

（2）排除不适当的假设。调试人员要仔细分析已有数据，寻找矛盾，力求排除前一步列出的所有假设。如果列出的假设都被排除了，则需要增加一些测试用例以提出新的假设；如果余下的假设多于一个，则首先选择可能性最大的进入下一个步骤。

（3）精简余下的假设。调试人员要利用已知的线索，精简余下的假设，使之具体化，以便确定出错的位置。

（4）证明余下的假设。

（五）回溯法

回溯法从产生错误的地方出发，确定最先发现"症状"的位置，然后人工回溯源程序代码，沿程序的控制流往后（反方向）追踪，直到找到错误的根源或确定错误产生的范围。该方法对于在小型程序中寻找错误位置非常有效，往往能把错误范围缩小到程序中的一小段代码，调试人员仔细分析这段代码就不难确定出错的准确位置。大规模程序由于需要回溯的路径太多，不适合使用回溯法。

第三章 计算机软件维护技术

第一节 计算机软件维护的基本内容

软件维护是软件生命周期中一个重要阶段。开发一个不需要变更的软件系统是不可能的，也是不现实的。变更是所有软件普遍存在的问题，是构建一个软件系统时不可避免的。软件维护是经常性的变更工作之一，即使到了软件运行期，软件还需要不断地进化，以适应变更的需求。因此，软件维护是一个不可避免的过程。

一、软件维护的概念与特点

（一）软件维护的概念

软件维护是指软件在交付使用后的变更工作，确切地说，软件维护是指在软件运行阶段对软件产品进行的修改。这些修改可能是为了改正软件中的错误，也可能是为软件增加新的功能以使其适应新的需求，但是一般不包括软件系统结构上的重大改变。软件维护是一种技术措施，《信息技术软件工程术语》（GB/T 11457—2006）将"软件维护"定义为：在交付以后，修改软件系统或部件以排除故障、改进性能或其他属性或适应变更了的环境的过程。

软件维护工作不改变软件的基本结构，而是对软件做局部性的修改，以响应变更的需求。

软件维护是软件生命周期的最后一个阶段。软件维护的主要目标是使已经部署的软件按照需求规格说明书的要求（或用户的新需求）运行。这要求软件不仅要满足用户所需要的各项功能需求，还要满足用户对软件的非功能需求。软件维护的基本内容包含了实现这些目标所做的全部工作。

（二）软件维护的特点

软件维护具有以下特点：

（1）软件维护是软件生产性活动中延续时间最长、工作量最大的活动之一。大、中型软件产品的开发期一般是 1～3 年，运行期可达 5～10 年，在长时间的软件运行过程中，人们需要不断地改正软件中的残留错误或者为软件增加新的功能，以适应新的环境和满足用户的新需求等。这些工作需要花费大量的精力和时间。

（2）软件维护工作量大、任务重。如果维护得不正确，会产生一些副作用，甚至引起新的错误。软件维护会直接影响软件的质量和使用寿命，因此人们必须慎重对待软件维护工作。

（3）软件维护工作实质是一个简化的软件开发过程。软件开发中的分析、设计、实现和测试等工作几乎都在维护工作中有所体现。

（4）软件维护和软件开发一样，都需要采用软件工程的原理和方法，这样可以保证软件维护的标准化和高效率，从而降低维护成本。

（5）系统越大，理解及掌握就越困难。系统越大，其执行的功能就越复杂。因此，越大的软件系统，维护工作也就越大。

二、软件维护的分类

在软件开发过程中，维护阶段不仅是花费时间最长、投入人力和财力最多的一个阶段，也是难度系数最大的一个阶段。对于不同的维护种类，人们应该采取不同的策略。在一般的情况下，软件维护可分为以下几类：

（一）改正性维护

诊断和改正软件中遗留的种种错误就是改正性维护，是一种修补软件缺陷的维护。这种维护对软件的修改限制在原需求说明书的范围之内。人们是在时间和经费都有限的前提下对软件进行选择测试的。除此之外，软件还受到了测试技术和手段的限制，不管经过多少次严格的测试，软件可能还会有一部分错误被隐藏。这些错误在某些特定的使用环境下会暴露出来，甚至会导致软件系统发生故障。所以，人们需要对软件进行改正性维护。

此外，计算机领域的各个方面都在急剧变化。随着新的计算机硬件系统的不断更新，会经常出现新的操作系统或者操作系统的新版本，外部设备和其他部件也要经常修改和改进，如数据库的变动、数据格式的变动、数据输入/输出方式的变动，以及数据存储介质的变动等。

在开发过程中，软件开发者应该为软件适应新环境留下可能性，使用新技术来提高软件的可靠性，并减少对软件进行改正性维护的次数。新技术包括数据库管理系统、软件开发环境、程序自动生成系统、高级（第四代）语言等。

软件开发者还可以利用以下方法来提高软件的可靠性：

（1）利用应用软件包。利用应用软件包可开发出比用户自己开发的系统可靠性更高的软件。

（2）使用结构化技术。使用结构化技术开发的软件一般易于理解和测试。

（3）利用防错性程序设计。这种设计把自检能力引入程序，可以通过非正常状态的检查提供审查跟踪。

（4）进行周期性维护审查。通过周期性维护审查，在形成维护问题之前就可以确定质量缺陷。

（二）适应性维护

为适应环境的变化而对软件进行的修改被称为适应性维护。随着计算机的不断发展，软件系统的运行环境可能会发生变化。当一个软件投入使用并成功运行后，用户会提出增加新功能、修改已有功能等要求或建议，如改善界面友好度、改进输入方式、增加监控设施等。适应性维护不可避免，但软件开发者可以采用以下措施对其加以控制：

（1）在配置管理时，把硬件、操作系统和其他相关环境因素的可能变化考虑在内，减少某些适应性维护的工作量。

（2）把与硬件、操作系统和其他外围设备有关的程序归到特定的程序模块中，把适应性维护局限在某些特定的程序模块内。

（3）使用内部程序列表、外部文件和处理的例行程序包，为修改程序提供方便。

（4）使用面向对象技术增强软件系统的稳定性，方便对系统进行适应性维护。

（三）完善性维护

软件在经过一段时间的正常运行后，用户往往会对其提出一些新的功能和性能要求。为了增加软件系统的功能、改善软件系统的性能、满足用户新的要求而对软件进行的维护被称为完善性维护。

软件开发者可以采用数据库管理系统、程序生成器、软件开发环境等新技术，降低完善性维护的次数，大大减少维护的工作量。除此之外，软件开发者还可以在实际系统开发前建立一个软件系统的原型，并把它提供给用户，让用户通过研究原型，提出一些问题，软件开发者再根据这些问题进一步完善软件系统的功能，这样可以减少软件投入使用后完善性维护的次数。

（四）预防性维护

为了防止软件出错而进行的维护活动被称为预防性维护。一般来说，预防性维护需要根据现有的信息对未来的环境变化进行预测，然后根据预测结果采取相应的预防措施。例如，在设计财务管理系统时，设计者要根据现有的业务和发展情况，确定该系统的规模。这就要求软件设计者与客户进行有效的沟通，要求客户提供的信息具有准确性和完整性，还要求软件设计者除了拥有高深的专业知识，还要有较强的预测能力。

软件维护工作是一项复杂且艰巨的工作。如何提高软件的可维护性，降低软件维护的成本，依然是软件工程要研究和解决的重要问题之一。

三、软件维护的成本问题

为了控制软件维护的成本，人们应当认真考虑影响软件维护工作量的因素，并在维护时采取最合适的维护策略。

20 世纪 70 年代，软件维护的费用约占软件总预算的 35%～40%。20 世纪 80 年代，软件维护的费用进一步增加，约占软件总预算的 60%。近年来，该值已上升到 80%左右。统计表明，随着软件复杂性的不断提高，软件维护的难度越来越大。这不仅导致维护成本不断提高，软件生产率急剧下降，还带来了其他负面影响。例如，由于维护的优先级要高于现行的开发任务，所以软件维护对资源的占用必然会影响正在开发的项目，软件维护对后续项目的负面影响可能会不断扩大，甚至形成恶性循环。

通常，人们把软件维护的工作分为生产性工作和非生产性工作两个部分。生产性工作是指分析、评价、修改设计和修改代码等工作；非生产性工作是指理解文档和代码的工作。下面是一个软件维护工作量的估算模型。

$$M = P + Ke_{(c-d)}$$

其中，M 表示维护总工作量，P 表示生产性工作量，K 表示经验常数，c 表示软件的维护复杂度，它由软件本身的复杂度、软件的设计质量等因素决定，d 表示维护人员对软件的熟悉程度。模型中的第一项 P 是生产性工作量，第二项 $Ke_{(c-d)}$ 是非生产性工作量。估算模型表明，软件维护工作量同软件的维护复杂度呈指数关系。

四、软件维护中的典型问题

软件维护是一项十分困难的工作，这主要由软件需求分析和开发方法的缺陷造成。在软件开发过程中，如果没有严格且科学的管理和规划，有可能造成软件的维护困难。

软件维护的困难大多来源于人们没有严格遵循软件开发标准，或者虽然遵循了软件开发标准，但是软件的开发质量不高。软件维护中常见的典型问题如下：

（一）无法追踪软件的整个创建过程

软件创建过程是指软件的第一个版本的构建过程，如果没有严格按照要求创建软件，那么人们将无法对软件的功能进行正向或反向跟踪。可跟踪性差的软件维护难度一般都很大。

（二）无法追踪软件版本的进化过程

软件创建并交付使用后，对软件不断修复和完善的过程，就是软件版本的进化过程。软件版本的每一次进化都会使软件的主版本号或次版本号增大。如果在软件版本的进化过程中，相关人员没有很好地按照软件工程的要求对软件的修改进行详细记录，那么软件当前的状态就是不可知的。对一个状态不可知的软件进行维护，难度是非常大的。

（三）不容易理解他人的程序

读懂他人的程序是非常困难的，而文档的不明确又增加了难度。一般情况下，开发人员都有这样的体会：修改他人程序的效率还不如自己重新编写程序的效率高。

（四）得不到开发者的帮助

软件开发者的流动性很大，当维护者找不到开发者或者开发者正忙于其他项目时，维护者得不到开发者的帮助，他们对软件的理解就会比较困难。

（五）文档不一致

各种文档之间的不一致，以及文档与程序之间的不一致，往往会使维护者不知所措。这种不一致是开发过程中文档管理不严造成的。在软件开发过程中，经常会出现开发者只修改了程序而忘了修改相关的文档，或者修改了某一个文档，却没有修改与之相关的其他文档的现象。解决文档不一致的方法就是在开发工作中加强对文档的管理。

（六）分析和设计的缺陷

如果在分析和设计阶段，人们没有很好地对软件的可维护性进行分析和设计，导致软件存在可维护性的缺陷，也会给软件的维护带来严重的问题。

（七）时间差异

如果软件维护工作由软件开发者来做，那么维护工作会相对容易一些，因为这些人熟悉软件的功能和结构等，但是通常情况下，开发者和维护者不是同一个人。此外，由于维护阶段持续时间较长，人们在开发时使用的开发工具、方法和技术与当前的工具、方法和技术有很大的差异，这也给维护工作造成了一定的困难。

在软件维护的过程中，上述典型问题都不同程度地存在着。只有对这些问题有足够的认识和了解，并做好准备，在维护时选用正确的维护管理方案，维护工作才能顺利、有效地进行。

第二节 计算机软件维护的过程

一、组建维护机构

软件维护阶段是软件生命周期中持续时间最长的阶段，且维护工作经常是在没有计划的情况下进行的，这种没有组织的维护通常会带来很多问题。如果没有维护记录或者软件的功能和文档不一致，那么后续的维护工作难度会非常大。因此，要想达到更好的维护效果，人们就必须建立专门的维护机构。

一个标准的维护机构包括维护员、维护管理员、系统管理员、修改控制决策机构配置管理员。维护员是真正执行维护的人员，维护管理员是协调维护活动的人员，系统管理员是管理系统的人员，修改控制决策机构则决定维护的走向。修改控制决策机构、用户、系统管理员、维护员之间不能跨越维护管理员进行沟通或采取行动。

每个维护要求都要由维护管理员转交给相应的系统管理员，再由系统管理员做评价。系统管理员对维护任务做出评价之后，由变化授权人决定应该进行的活动。在维护活动开始前就明确维护责任是十分必要的，这样做可以大大减少维护过程中可能出现的混乱。

软件开发单位根据自身规模的大小，可以指定一名高级管理人员担任维护管理员，或者建立由高级管理人员和专业人员组成的修改控制组，管理本单位软件的维护工作。管理的内容包括对申请的审查与批准、维护活动的计划与安排、资源的分配、批准并向用户分发维护的结果，以及对维护工作进行分析与评价等。

二、编写维护报告

所有软件维护申请都应该按照规定的方式提出。软件维护人员通常会给用户提供空白的维护申请报告表，由申请维护的用户填写。如果用户要反馈软件的错误，则需要在申请报告表上完整地说明错误的情况，包括输入数据、错误清单，以及其他有关材料。如果用户申请的是适应性维护或完善性维护，则需要编写一份修改说明书，在其中列出自己的要求。维护申请报告将由维护管理员和系统管理员共同研究处理。

维护申请报告是由软件组织外部提交的文档，是计划维护工作的基础。软件组织内部也应有相应的软件修改报告，这个报告包括以下内容：

（1）所需的修改变动的性质。

（2）申请修改的优先级。

（3）满足某个维护申请所需的工作量。

（4）预计修改后的状况。

软件维护报告应提交修改负责人，经他批准后，相关人员才能开始安排维护工作。

三、记录维护流程

软件维护工作的第一步是确认维护要求，这就需要维护人员与用户反复协商，了解错误概况及对业务的影响，以及用户希望做什么样的修改，并把这些存入故障数据库，然后确定即将进行的维护工作的类型。在有些情况下，用户认为自己提出的是改正性维护，但站在开发人员的角度看，其提出的维护申请是适应性维护或完善性维护，这时，双方必须协商解决。

在某些情况下，有的错误非常严重，这时，开发人员就不得不临时放弃正常的维护工作，不对修改可能带来的副作用做评价，也不对文档进行相应的更新，而是立即对代码进行修改。这是一种"救火式"的改正性维护，只在非常危急的情况下采用。这种维护在全部维护中只占很小的比例。应当说明的是，"救火式"维护不是取消，而是推迟维护所需的控制和评价。一旦危机消除，这些控制和评价活动必须继续进行，以确保当前的修改不会引发更严重的问题。

适应性维护申请和完善性维护申请需要采取与改正性维护申请不同的路线。申请适应性维护和完善性维护时，相关人员首先要评价维护申请的种类和优先次序，然后在维护活动中给它们排好顺序。出于商业策略和软件产品方向等方面的考虑，不是所有完善性维护都会被接受。被接受的维护申请的优先次序确定之后，相关人员就要安排相应的维护工作。对优先级很高的维护申请，相关人员应立即开展维护工作。

无论哪一种类型的维护，都要进行相同的技术工作，这些工作包括修改软件、设计复审、对源代码进行必要的修改、单元测试、集成测试（包括使用以前的测试方案进行回归测试）、验收测试、软件配置复审等。

事实上，软件维护就是软件工程的循环应用。不同的维护类型，维护重点也有所不同。

维护工作的最后一项是评审，即验证软件配置所有成分的有效性，并确保维护工作完全满足维护申请表的要求。

软件维护任务完成以后，相关人员还要评审维护工作的状态。维护工作的状态评审对今后的维护工作有重要影响，对软件机构进行有效的管理尤为重要。

通常，维护工作的状态评审应回答以下四个问题：

（1）在现行情况下，设计、编码或测试中，哪些方面还可以改进。

（2）哪些可用的维护资源没有用上。

（3）这次维护工作的主要或次要障碍是什么。

（4）申请报告中是否提出了要进行预防性维护。

四、保存维护记录

为了评估软件维护的有效性，确定软件产品的质量和维护的实际开销，人们需要在维护的过程中做好维护记录，详细地记录软件维护过程中的各种数据。维护记录需要包括以下数据：

（1）程序标志。

（2）源程序行数。

（3）目标程序的指令条数。

（4）所用的编程语言。

（5）安装程序的日期。

（6）自安装之日起程序运行的次数。

（7）自安装之日起程序失败的次数。

（8）程序修改处的层数和标志。

（9）因程序变动而增加和删除的源程序行数。

（10）每处改动所耗费的人时数。

（11）程序改动的日期。

（12）软件工程师的标志。

（13）软件维护申请单的标志。

（14）本次维护的类型。

（15）维护开始和结束的日期。

（16）用于本次维护累计的人时数。

（17）执行本次维护的纯利润。

上述数据应保存在维护数据库里，作为评价维护的依据。

五、评价维护活动

评价活动以维护记录为依据，对维护工作做一些定量度量。人们可以从以下七个方面来评价维护工作：

第一，每次程序运行时的平均出错次数。

第二，用于维护活动的总人时数。

第三，每个程序、每种语言、每种维护类组所做的平均修改数。

第四，维护过程中，增加或删除每条源程序语句所花费的平均人时数。

第五，用于每种语言的平均人时数。

第六，每张维护申请报告的平均处理时间。

第七，各类维护类型所占的百分比。

这七项提供了一个定量的描述框架。根据对维护工作定量度量的结果，人们可以作出关于开发技术、语言选择、维护工作量规划、资源分配，以及其他许多方面的判定，并且利用这些数据去分析、评价维护工作。

第三节 计算机软件可维护性

软件可维护性是指导软件工程各个阶段工作的一条基本原则，也是软件工程追求的目标之一。

一、软件可维护性的概念及意义

软件可维护性是指纠正软件系统出现的错误和缺陷，以及为满足用户新的要求对软件进行修改、扩充或压缩的难易程度（维护人员理解、改正、改动和改进软件的难易程度）。

可维护性是衡量软件质量的主要依据之一。为使软件的每一个质量特性都达到预定的要求，软件开发人员需要在软件开发的各个阶段采取相应的措施。因此，软件可维护性是产品投入运行以前，在各阶段面向各种质量特性要求而进行开发的最终结果。

很多原因都会造成软件维护成本的上升，其中，软件的文档和源程序难以理解、难以修改是比较重要的原因。若要降低软件维护的困难程度和维护成本，可以从提高软件的可维护性入手。

二、软件可维护性的度量

对软件可维护性进行度量，不仅有利于人们了解软件是否能满足规定的可维护性要求，而且有助于人们及时发现可维护性的设计缺陷。此外，对软件可维护性的度量还可以作为人们更改设计或维护安排的依据，指导人们对软件可维护性进行分析和设计。

如何度量软件的可维护性？人们通过研究，开辟了一个新的学科——软件度量学。在现阶段，被用来衡量软件可维护性的特征有可理解性、可靠性、可测试性、可修改性、可移植性、可使用性等。对于不同类型的维护，衡量的侧重点有所不同，人们要根据实际情况来决定。软件的质量特性一般表现在软件系统的多个方面，因此在软件开发的每一个阶段，人们都要采取有效的措施，使每一个质量特性都能达到预期的要求。

（一）软件的可理解性

软件的可理解性是指人们通过阅读源代码和相关文档，理解软件的结构、接口、功能和运行过程的难易程度。对可理解性的度量，主要是对软件维护人员进行故障分析时的努力程度或投入的资源数量进行的度量，其内容包括以下几点：

（1）对诊断功能的度量。对诊断功能的度量可以通过诊断功能推断出错误原因的故障占已登记故障总数的比例来描述。

（2）对检查跟踪能力的度量。软件的检查跟踪能力可以通过应该记录的、足以监测软件运行状态的数据项中表示实际记录的数据项所占的比例来衡量。

（3）对故障分析效率的度量。这一项一般用平均故障分析时间来表示，故障分析时间是指从接受故障报告到发现故障原因或向用户返回报告的时间。

（4）对故障分析能力的度量。软件的故障分析能力可以通过所有登记的故障中已经发现原因的故障所占的比例来描述。

（5）对状态监测能力的度量。对状态监测能力进行度量可以通过统计维护人员在需要软件运行状态监测数据时，获得该数据的概率来衡量。

（二）软件的可靠性

软件的可靠性是指一个程序按照用户的要求和设计目标，在指定的时间内和规定的条件下，软件维持正确运行的概率，以及发生故障后，软件系统重新恢复性能水平和直接受影响数据的难易程度。可靠性是度量软件整体质量的重要指标之一。如果一个软件系统在运行期间频繁出错，那它的可靠性就是很差的。影响软件的可靠性的因素主要来自设计阶段。

对可靠性的度量，主要是对软件维护副作用的度量，其内容包括以下几点：

（1）修改成功率。修改成功率有两种度量方法：其一，计算维护后在规定的观察时间内软件故障的发生频率；其二，计算维护后与维护前在规定的观察时间内软件故障发生频率的比值。

（2）软件维护的副作用。软件维护的副作用主要表现为软件修改引入的故障。软件维护的副作用可用平均每排除一个故障所引入的新故障的数量来度量。

（三）软件的可测试性

软件的可测试性是指验证程序正确性的难易程度。验证程序正确性的难易程度主要取决于理解软件的难易程度。一个可测试的程序应当是可理解的、可靠的、简单的。程序越简单，要证明它的正确性就越容易。设计人员若要设计有效的和合适的测试用例，理解程序很重要。是否能对软件进行完整的测试，将直接影响软件产品的质量。此外，良好的文档记录对诊断和测试也是相当重要的。维护人员可以利用在开发阶段用过的测试方案来对软件进行测试。可测试性的度量标准主要有以下几个方面：

（1）软件有没有实现模块化。

（2）软件是否具有良好的结构。

（3）软件的可靠性是否较高。

（4）软件能否被维护人员较容易地理解。

（5）软件能否对逻辑控制流程进行有效的跟踪和显示。

（6）软件能否清晰地描述全部输入及输出信息。

（7）件能否及时地提示错误信息，并带有一定的说明信息。

（四）软件的可修改性

软件的可修改性是指程序修改的难易程度。一个可修改的程序应该具有可理解性、通用性、灵活性等特征。通用性是指程序适用于各种功能变化，不需要修改；灵活性是指相关人员能够很容易地对程序进行修改。可修改性主要对软件系统及软件维护人员实现软件修改的努力程度进行度量，其内容主要包括以下几点：

（1）软件修改控制能力。软件修改控制能力可以通过软件修改日志中实际记录的数据项数占应记录的足以对软件修改进行跟踪的数据项数的比例来度量。

（2）参数化修改能力，即通过修改参数来实现软件修改的能力。参数化修改能力可以通过修改参数实现的修改占所有修改中的比例来度量。

（3）修改复杂性。修改复杂性的度量方法是计算单位改动所用的平均时间，单位改动可以是对可执行程序的一个模块所做的改动，可以是对软件需求说明中的一点所做的改动，也可以是对软件文档中的一页所做的改动。

（4）修改周期效率。修改周期效率通过软件平均修改周期来表示，修改周期是指用户提交完软件维护申请到获得软件修订版本的时间。

（5）修改的平均实现时间，即从发现软件故障原因到排除软件故障所用的平均时间。

（五）软件的可移植性

软件的可移植性是指程序转移到新环境的可能性的大小，或者程序可以容易地、有效地在各种计算环境中运行的可能性。一个可移植的程序应具备良好的结构，不依赖具体的硬件环境或操作系统。硬件更替带来的软件升级往往是不可避免的，因此软件的可移植性对软件的可维护性也有很大的影响。可移植性度量的标准主要有以下几个方面：

（1）软件是否使用了独立于特定机器的高级语言，使用的高级语言是不是现今被广泛使用的标准化程序设计语言。

（2）软件中是否使用了标准的库函数功能和子程序。

（3）软件系统在运行之前是否会检测当前的输入/输出设备。

（4）软件有没有把与机器相关的语句分离出来，将其存放在单独的模块中，并附加说明文件。

（5）软件是否使用了结构化设计方法。

（六）软件的可使用性

从用户的角度来看，软件的可使用性就是软件方便、正确操作的难易程度。一个可使用性强的软件应该是易于操作的，允许用户在一定程度上出错。用户在使用这样的软件时通常会感到方便、舒适。软件的可使用性度量标准主要有以下几个方面：

（1）软件是否带有详细的操作说明书。

（2）软件能否被用户容易地学会并使用。

（3）软件是否具有一定程度的灵活性和容错性。

（4）软件能否应用数据库管理系统自动地完成对事务性工作、存储地址分配、存储器组织的处理。

（5）软件是否能按照用户的要求一直保持正常的运行状态。

三、可维护性复审

可维护性应该是所有软件必须具备的基本特点。在软件工程的每一个阶段，人们都应该考虑并努力提高软件的可维护性；在每个阶段结束前的技术审查和管理复审中，人们都应该着重对可维护性进行复审。

在对软件进行可维护性复审时，应重点把握以下几点：

（1）在需求分析的复审中，应该对将来可能要改进或可能要修改的部分加以注意，并指明这部分内容；应该讨论软件的可移植性问题，并考虑可能影响软件维护的系统界面。

（2）在软件设计的复审中，应从便于修改、模块化和功能独立的目标出发，评价软件的结构，从软件质量的角度全面评审数据设计、总体结构设计、过程设计和界面设计。另外，还应为将来可能要修改的部分做准备。

（3）在软件代码复审中，应强调编码风格和内部说明文档这两个影响软件可维护性的因素。

（4）每个测试步骤都可以在软件正式交付使用前，暗示程序中可能需要进行预防性维护的部分。在测试结束时，相关人员会进行正式的可维护性复审，这个复审称为配置复审。配置复审的目的是保证软件配置的所有成分是完整的、一致的和可理解的，同时，便于修改和管理已编目归档的文档。

在完成每项维护工作之后，维护人员都应该对软件维护本身进行仔细认真的复审。维护应该针对整个软件配置，而不是只针对源程序代码，如果源程序代码的修改没有反映在设计文档或用户手册中，就会产生严重的后果。

在复审中，当维护人员要改动数据、软件结构、模块过程或任何其他有关的软件特点时，都必须立即修改相应的技术文档。文档不能准确地反映软件当前的状态可能比完全没有文档更加糟糕。在以后的维护工作中，维护人员很可能会因文档的问题而不能正确地理解软件，从而在维护过程中引入过多的错误。

用户通常根据描述软件特点和使用方法的用户文档来使用、评价软件。如果对软件可执行部分的修改没有及时反映在用户文档中，必然会使用户体验不佳。在软件再次交付使用之前，相关人员要对软件配置进行严格的复审，这样可以大大减少文档的问题。事实上，某些维护要求可能并不需要修改软件设计或源程序代码，只需要对文档进行必要的维护。

第四节 提高计算机软件可维护性的方法

一、建立明确的软件质量目标和优先级

一个可维护的软件应该是可理解的、可靠的、可测试的、可修改的、可移植的、可使用的和高效率的，但要同时实现这些目标是不现实的。软件的某些质量特性是相互促进的，如可理解性和可测试性、可理解性和可修改性；另一些质量特性却是相互矛盾的，如高效率和可移植性、高效率和可修改性等。因此，尽管可维护性要求每一种质量特性都要得到满足，但是它们的相对重要程度会随着程序的用途及计算环境的不同而改变，如编译程序更强调效率，但管理信息系统更强调可使用性和可修改性。所以，在提出有关程序质量特性的目标时，人们必须规定它们的优先级，这有助于提高软件的质量，节省费用。

二、使用提高软件质量的技术和工具

为了提高软件的可维护性，人们应使用可以提高软件质量的技术和工具，如使用面向对象、软件重用等先进的开发技术。提高软件质量的技术和工具主要有以下两种：

（一）模块化技术

模块化技术是能在软件开发过程中有效提高软件可维护性的技术。它的最大优点是模块具有独立性特征：一个模块的改变对其他模块的影响较小；如果需要增加模块的某些功能，仅需要增加具备这些功能的新模块或模块层；程序的测试与重复测试比较容易；程序错误易于定位和修正。

（二）结构化程序设计方法

结构化程序设计不仅能使模块结构标准化，而且也能使模块间的相互作用标准化，把模块化又向前推进了一步。使用结构化程序设计可以获得良好的程序结构。使用结构化程序设计技术提高现有系统的可维护性，包括以下几种方法：

1.采用备用件的方法

当要修改某一个模块时，人们可以用一个新的结构良好的模块替换掉整个模块，但是，这种方法要求人们必须了解所替换模块的外部接口特性。它有利于减少诊断的错误，并提供了一个用结构化模块逐步替换非结构化模块的机会。

2.采用自动重建结构和重新格式化的工具

自动重建结构和重新格式化工具包括代码评价程序、格式重定程序、结构化工具等自动软件工具，它们可以把非结构化的代码转换成具有良好结构的代码。使用这种方法产生的结构化程序的执行过程与原程序是一样的，它们都对相同的数据执行相同的操作顺序，原程序中存在的逻辑错误也会被继承下来。程序再造的步骤如下：

（1）确保程序编译没有语法错误。

（2）借助结构化工具，重新构造程序源代码。

（3）利用重定格式程序进行缩进和分段。

（4）利用优化编译器重新编译源代码，提高程序效率。

3.改进现有程序不完善的文档

改进和补充文档的目的是提高程序的可理解性，从而提高其可维护性。文档工具有数据流图、Warnier 图等。利用文档工具可以建立或补充系统说明书、设计文档、模块说明书，也可以在源程序中插入必要的注释。

4.采用结构化程序设计的思想和结构文档工具

提高现有系统可维护性较好的方法就是使维护过程结构化，而不是使现有系统重新结构化。

另外，在软件开发过程中建立主程序员小组，实现严格的组织化结构，强调规范，明确领导和职员分工，以改善通信、提高程序员的生产率；在检查程序质量时，采取有组织分工的结构普查，相关人员分工合作，各司其职，以有效地实施质量检查；在软件维护的过程中，维护小组也可以采取与主程序员小组和结构普查类似的方式，以保证程序的质量。

三、进行明确的质量保证审查

质量保证审查对于保证软件的质量有很重要的作用。审查除了保证软件具备要求的质量以外，还可以用来检测在开发和维护阶段发生的质量变化。一旦检测出错误，相关人员就可以纠正错误，以控制不断增长的软件维护成本。

在软件的需求分析阶段，人们就应该明确软件质量目标，确定所采用的各种标准和指导原则，提出关于保证软件质量的要求。虽然可维护性要求每一种质量特性都要得到满足，但是它们的相对重要性应该随软件产品的用途和计算环境的不同而有所不同。因此，对于软件的质量特性，人们应当在提出目标的同时规定它们的优先级，这不仅有助于提高软件的质量，还可以指导软件的开发和维护工作。

软件的质量保证审查有以下几种类型：

（一）在检查点进行复审

保证软件质量的最佳方法是在软件开发初期就考虑质量要求，并把开发过程每一阶段的终点设置为检查点。检查的目的是验证已开发的软件是否符合标准，是否满足规定的质量要求。在不同的检查点，检查的重点也不同。

在进行复审时，人们可以使用各种质量特性检查表或度量标准。各种度量标准应当在管理部门、用户、软件开发人员、软件维护人员中达成一致。审查小组可以采用人工测试的方式对软件进行审查。

（二）验收检查

验收检查是在一个特殊的检查点进行的检查，是软件交付使用前的最后一次检查，也是人们在软件投入运行之前保证其可维护性的最后机会。验收检查其实是验收测试的一部分，只不过是从维护的角度提出验收的条件和标准。下面主要介绍验收检查的几个验收标准。

1.需求和规范标准

（1）需求应当用可测试的术语来书写，并排列好次序。

（2）区分必需的、任选的、将来的需求，包括对系统运行时的计算机设备的需求，对维护、测试、操作和维护人员的需求，对测试工具等的需求等。

2.设计标准

（1）程序应设计成分层的模块结构，每个模块都应完成唯一的功能，并达到高内聚、低耦合的要求。

（2）通过一些知道预期变化的实例，说明设计的可扩充性、可缩减性和可适应性。

3.源代码标准

（1）尽可能使用最高级的程序设计语言，且只使用其标准版本。

（2）所有的代码都必须具有良好的结构。

（3）所有的代码都必须文档化，在注释中说明它的输入/输出，以及其便于测试/再测试的一些特点与风格。

4.文档标准

人们应在文档中说明程序的输入/输出、使用的方法/算法、错误恢复的方法、所有参数的范围及缺省条件等。

（三）周期性维护审查

为了纠正新发现的错误或缺陷，适应环境的变化，满足用户新的需求，相关工作人员有时会在软件运行期间对软件进行修改，不过这可能会使软件产生新的错误，破坏程序概念的完整性，从而导致软件质量下降。因此，相关工作人员应定期对软件进行周期性维护审查，跟踪软件质量的变化。

周期性维护审查实际上是开发阶段检查点复查的继续，它们的检查方法、检查内容都是相同的。具体的做法如下：

（1）使用开发部门提供的修正软件，有计划地对应用程序进行修改。

（2）进行修改时，要首先确定检查修改是否正确的测试方法，以便确认系统修改正确，力求软件运行时不发生故障。

（3）适时提供维护工具及有关信息，便于用户进行运行管理。

需要注意的是，如果软件出现重大故障，需要立即进行紧急性维护，不能等到下一个周期再处理。紧急性维护是周期性维护的补充手段。

（四）对软件包进行检查

软件包是一种可供不同单位、不同用户使用的标准化软件。软件包一般不会给用户提供源代码和程序文档。因此，对软件包的检查步骤如下：

（1）对软件包进行检查的人员或维护人员要仔细分析、研究销售方提供的用户手册、操作手册、培训教程、新版本说明，以及销售方提供的验收测试报告等，在此基础上，深入了解本单位的希望和要求，编制软件包的检验程序。

（2）检查该软件包程序执行的功能是否与用户的要求和条件相符合。为了建立这个程序，维护人员可以利用销售方提供的验收测试实例，还可以自行设计新的测试实例。维护人员可以根据测试结果，检查和验证软件包的参数或控制结构，以完成对软件包的维护。

四、选择具有可维护性的程序设计语言

程序设计语言的选择对程序的可维护性影响很大。具体来说，具有可维护性的程序设计语言有以下几种：

（一）低级语言

低级语言，即机器语言和汇编语言。低级语言很难被理解和掌握，因此人们很难对使用这种语言编写的程序进行维护。

（二）高级语言

高级语言比低级语言容易理解。使用高级语言编写的程序具有更好的可维护性。但即使都是高级语言，可理解的程度也不一样。从建立良好结构的程序来看，各种语言之间也有差别。为了补偿语言中的这种缺陷，人们研制了预处理器。程序员使用程序设计语言的"结构化"版本编制程序时，可以先在机器上用预处理器把它转换成相应的非结构化语句，再进行编译。

（三）第四代语言

第四代语言包括查询语言、图像语言、报表生成器等，它们有的是过程化语言，有的是非过程化语言，但不论是哪种语言，人们用其编制出的程序都应容易理解和修改。使用第四代语言开发软件的速度比使用低级语言快许多。有些非过程化的第四代语言，用户甚至不需要指出实现的算法，仅需要向编译程序或解释程序提出自己的要求，编译程序或解释程序就能做出实现用户要求的智能假设。总之，从维护的角度看，第四代语言比其他语言更具优势。

五、改进程序的文档

文档是影响软件可维护性的决定性因素。程序文档是程序总目标、程序各组成部分之间的关系、程序设计策略、程序实现过程的历史数据等内容的补充说明。程序文档对提高程序的可理解性有着非常重要的作用。即使是一个十分简单的程序，人们要想有效地、高效率地维护它，也需要编制文档。

对于程序维护人员来说，要想重新改造程序编制人员的意图，并预估今后变化的可能性，也离不开文档。因此，为了维护程序，人们必须阅读和理解文档，而文档版本也必须随着软件的演化过程更新，时刻与软件产品保持一致。

作为影响可维护性的重要因素，文档应具备以下功能：

（1）描述如何使用系统。

（2）描述怎样安装和管理系统。

（3）描述系统的需求和设计。

（4）描述系统的实现和测试。

现在，人们已经认识到，好的文档是建立可维护性的基本条件，其作用和意义有以下几点：

（1）文档好的程序比没有文档的程序更容易操作，它增加了程序的可读性和可使用性。好的文档具有简洁、风格一致、易于更新的特点。另外，文档不正确要比根本没有文档的情况差得多。

（2）程序越长、越复杂，它对文档的需求就越迫切。在软件维护阶段，利用历史文档可以大大简化维护工作。

第四章 计算机网络的应用

第一节 计算机网络的概念

一、计算机网络的定义

计算机网络是计算机技术与通信技术相结合的产物，是互联的计算机的集合。连接是物理的，由硬件实现。连接的介质（有时也称信息传输介质、媒体）可以是普通的双绞线、同轴电缆和光纤电缆等"有形"物质，也可以是激光、微波或卫星信道等"无形"物质。在网络环境中的计算机虽然是相互独立自治的，但是也可以相互传递信息。人们利用计算机网络，可以在一个部门、一个城市乃至全球范围内共享计算机系统资源。在上述的定义中之所以强调入网计算机的"独立自治"，是为了将计算机网络与主机加多台设备构成的主从系统区别开来。一台计算机带多台终端和打印机，这种系统通常称为多用户系统，不是计算机网络；一台主机控制多台从属机构组成的系统是多机系统，也不是计算机网络。

计算机与通信相结合表现在两个方面：第一，通信网络为计算机之间的数据传递和交换提供了必要手段；第二，数字计算技术的发展不仅影响了通信技术，还提高了通信网络的各种性能。当然，这两方面的发展和进步都离不开微电子技术的高速发展和辉煌的成就。

二、信息时代中的计算机网络

21世纪是以网络为核心的信息时代，其特征是数字化、网络化和信息化。计算机及计算机网络几乎影响了人类生产和生活的所有领域，促进了世界经济从工业经济转向知识经济。

知识经济中有两个重要特点，即信息化和全球化。要实现这个目标，就必须依靠完善的网络。因此，网络已经成为现代信息社会的命脉和发展知识经济的重要基础，对经济的发展产生了不可逆转的影响。

网络包括电信网络（主要业务是电话，但也有其他业务，如传真、多媒体、数据等）、有线电视网络（即单向电视节目的传送网）和计算机网络。虽然这三种网络在信息化过程中都起到了重要的作用，但其中发展最快并起到核心作用的是计算机网络。

20世纪90年代，以Internet为代表的计算机网络飞速发展，已经从最初的教育科研网络逐步发展成为商立网络和服务网络，影响和改变着人们的生活和工作的各个方面，它给很多国家（尤其是Internet的发源地——美国）带来了巨大的经济效益和社会效益，加速了全球信息革命的进程，促进了全球经济的发展。

近几年出现的网格将广域范围内的各类计算资源（包括CPU、存储器、数据库等）通过高速的Internet组成了充分共享的资源集成，从而提供一种高性能计算、管理及服务的资源能力。人们用这些资源就像用电源一样，不用去了解这些资源的来源和负载情况。

三、计算机网络的发展过程

世界上第一台数字电子计算机于1946年问世，在最初的几年内，计算机和通信毫无关系。当时的计算机通过"计算中心"的服务模式来工作。1954年，一种收发器的终端被制造出来，人们开始使用这种通过电话线路将数据发送到远地的计算机。此后，计算机开始与通信结合，计算中心的模式逐渐转变成计算机网络的服务模式。计算机网络的发展大致可以分为以下四个阶段：

（一）面向终端的计算机通信网

用一台计算机专门处理数据，用一个通信处理机或前端处理机通过 Modem 与远程终端相连。通信处理机完成全部通信任务，Modem 将终端或计算机上的数字信号转换成可以在电话线路上传输的模拟信号，或者把电话线路上传输的模拟信号转换成可以在终端或计算机上使用的数字信号。由于前端处理机可采用廉价的小型计算机，所以从 20 世纪 60 年代初开始就一直被广泛使用。这种联机系统称为面向终端的计算机通信网。也有人把这种最简单的计算机网络称为第一代计算机网络，这是一种以单主机为中心的星形网，如终端通过通信线路共享主机的软件和硬件资源。

（二）分组交换网

分组交换也称包交换，它是现代计算机网络的技术基础。有线电话出现不久，人们就认识到，如果在所有用户之间架设直达线路，不仅线路投资大，而且没有必要，可以采用交换机实现用户之间的联系。一百多年来，电话交换机从人工转接发展到现在的程控交换机，虽然经过多次更新换代，但交换方式始终没有改变，都是采用电路交换，即通过交换机实现线路的转接，在两个用户之间建立起一条专用的通信线路。用户通话之前，要先申请拨号，待建立一条从发端到收端的物理通路后，双方才能通话。

在通话的所有时间内，用户始终占用端到端的固定线路，直到通话结束，挂断电话（释放线路）为止。这种通信系统不适合传送计算机或终端的数据，原因有以下几个方面：

（1）计算机的数字信号不是连续的，它与打电话传送的连续语音信号不同，具有突发性和间歇性，传送这种信号所占用线路的真正时间较少，往往不到 10%甚至 1%，所以在绝大部分时间里通信线路都是空闲的。但是，对电信局来说，只要用户占用了通信线路，就得收费，不管传输了多少数据。

（2）电路交换建立通路（即呼叫过程）的时间为 10～20 秒，对打电话来说时间并不长，但对只需传送半秒的计算机数据来说时间就太长了。

（3）电路交换很难适应不同类型、规格、速率的终端和计算机之间的通信，除非采取一些措施，如在终端与计算机之间的缓冲器暂存一下，经过适当变换后再发送或接收，但这样就有别于电路交换。

（4）计算机通信对可靠性要求较高，如需要在传输过程中进行差错控制，那么电路交换方式难以做到。

因此，人们必须找到适合计算机通信的交换技术，这样才能使计算机网络得以发展。

1964 年 8 月，巴兰首先提出了分组交换的概念。1969 年 12 月，美国的分组交换网 ARPANET 投入运行，自此，计算机网络进入了崭新的发展阶段，标志着现代通信时代的开始。

当主机 H1 向主机 H6 发送数据时，首先将数据划分成一系列等长的单位（例如 1024b），称为分组，同时附上一些有关目的地址的信息，然后将这些分组依次发给与 H1 相连的结点 A。这时除链路 H1—A 外，网内其他通信链路并不会被目前通信的双方所占用，即使链路 H1—A 只是当分组正在该链路上传送时才被占用，在各分组传送的空闲时间，仍可用于传送其他主机发来的分组。结点 A 收到分组后，先将收到的分组存入缓冲区，再根据分组所带的地址信息按一定的路由算法，确定将该分组发往哪个结点。由此可见，各结点交换机的主要作用是负责分组存储、转发及路由选择。

因为存储转发分组交换技术采用的策略是断续（或动态）分配传输通路，所以非常适合传输突发式的计算机数据，这极大地提高了通信线路的利用率，降低了用户的使用费用。

ARPANET 采用分组交换技术取得成功后，计算机网络的概念发生了根本的变化，由以单个主机为中心的面向终端的计算机网转变成以通信子网为中心的分组交换网。而主机和终端处于网络的外围，用户不仅可以共享通信子网的资源，还可以共享连网的计算机系统资源（包括硬件和软件）。这种以通信子网为中心的计算机网络通常被称为第二代计算机网络，它的功能比第一代计算机网络大很多。目前，著名的全球性网络 Internet 就是在此基础上形成的。

分组交换网既可以是专用的，又可以是公用的，一些工业发达国家已经建立了不少公用分组交换网，与公用电话网相似，为更广泛的用户服务。我国公用分组交换网（简称 CNPAC）于 1989 年 11 月建成。

（三）形成计算机网络的体系结构

计算机网络是一个非常复杂的系统，需要解决的问题有很多。设计 ARPANET 时，有研究者提出了"分层"的方法，即将庞大且复杂的问题分成若干较小的易于处理的局部问题。1974 年，美国 IBM 公司按照分层的方法制定了系统网络体系结构（System Network Architecture，SNA）。目前，SNA 已经成为世界上使用最为广泛的一种网络体系结构。网络体系结构的出现，使得一个公司所生产的各种设备都能很容易地互联。这种情况有利于一个公司垄断自己的产品。用户一旦购买了某个公司的网络，当需要扩大容量时，就只能再次购买这个公司的产品。如果购买了其他公司的产品，那么由于网络体系结构不同，就很难互联。

然而，全球经济的发展使得不同的网络体系结构的用户迫切要求能够互相交换信息。为了使不同体系结构的计算机网络都能互联，国际标准化组织（International Organization for Standardization，ISO）于 1977 年成立了专门机构研究该问题。1978 年，ISO 提出了异种机连网框架结构，即著名的开放系统互联参考模型（Open System Interconnection，OSI）。OSI 得到了国际上的认可，成为其他各种计算机网络体系结构仿效的标准，大大地推动了计算机网络的发展。自此，第三代计算机网络的新纪元正式开始。

在计算机网络发展的过程中，另一个重要的事件就是 20 世纪 70 年代末出现了局域网。局域网可使同在一个范围内（一个企业、学校、部门）的许多小型（或微型）计算机互联在一起，用于信息交换和资源共享。局域网连网简单，只要在小型（或微型）计算机上插入一个接口板（目前称为网卡），就能接上电缆，实现连网。由于局域网价格便宜，传输速率高，使用方便，在 20 世纪 80 年代快速发展。与此同时，微型计算机的大量普及对局域网的发展也起到了很大的推动作用。

OSI 从一张白纸开始，成了全世界的计算机网络都遵循的统一标准，因此全世界的计算机都能够很方便地进行互联和交换数据。20 世纪 80 年代，许多大公司甚至一些国家的政府机构都纷纷表示支持 OSI。当时，人们都认为，在不久的将来，全世界都会按照 OSI 制定的标准来构造自己的计算机网络。但是，到了 20 世纪 90 年代初，由于 Internet 已经覆盖了相当大的范围，即使已经制定了整套的 OSI，也几乎找不到厂家能生产出符合 OSI 标准的商用产品。因此，人们得出这样的结论：OSI 事与愿违地失败了。

现在规模最大，覆盖全世界的计算机网络 Internet 并未使用 OSI 标准。OSI 失败的原因可归纳为：OSI 的专家们缺乏实践经验，他们在完成 OSI 标准时没有商业驱动力；OSI 的协议实现起来过于复杂，而且运行效率较低；OSI 标准的制定周期太长，使得按 OSI 标准生产的设备无法及时进入市场；OSI 的层次划分并不合理，有些功能在多个层次中重复出现。

（四）高速网络技术

从 20 世纪 80 年代末开始，计算机网络就进入了第四代，主要标志可归纳为：网络传输介质光纤化，信息高速公路建设；多媒体网络及宽带综合业务数字网的开发应用；

智能网络的发展。分布式计算机系统及集群、计算机网格的研究促进了高速网络技术的发展和广泛应用，并相继出现了高速以太网（千兆网）、光纤分布式数据接口 FDDI、快速分组交换技术等。

按照网络的地域覆盖范围，人们把计算机网络分为局域网（Local Area Network，LAN）、都市网（Metropolitan Area Network，MAN）、广域网（Wide Area Network，WAN）和网间网（Internet，又称互联网）。无论哪种网络，都可以划分成两部分，即主机和子网。

主机是组成网络的独立自主的计算机系统，用于运行用户程序（即应用程序），有些文献也把它称为末端系统。子网，严格地说，应称通信子网，是将入网主机连接起来的实体。子网的任务是在入网主机之间传递信息，以提供通信服务。

在网络中，把纯通信部分的子网与应用部分的主机分离开是网络层次结构思想的重要体现，使得网络的设计与分析得到了简化。

上述网络概念结构来自 ARPANET。ARPANET 是最早出现的重要网络之一，也是产生并最早应用 TCP/IP 技术的网络。ARPANET 关于计算机网络概念的划分有一个明显的缺陷，就是没有把网络结构与网络协议层次结合起来，这样容易造成一个误解，似乎在计算机网络中，主机不参与任何通信操作，这显然是不符合实际情况的。

若想克服上述缺点，可以从另一个角度来讨论。计算机网络是计算机技术与通信技术相结合的产物，它的主要目的是提供不同的计算机系统和用户间资源的共享。换句话说，在计算机网络中通信只是一种手段。在这个意义上，可以把计算机网络划分成两部分，即通信服务的提供者和通信服务的使用者。通信服务的提供者包括网络层及以下各层，通信服务的使用者包括传输层及以上各层（尤其是应用层）。

为了便于讨论，将上述通信子网的概念加以拓展，把它作为通信服务的提供者，从通信子网的定义出发是完全合理的。那么，关于主机的概念就必须加以修改。因为在计算机网络中，任何一台主机都包括网络协议的全部层次（当然也包括通信子网的一部分），因此主机也包含通信服务的提供者和通信服务的使用者两部分。

在物理上，通信子网由哪些部件组成呢？不同类型的网络，其通信子网的组成各不相同。最简单的是局域网，其子网由传输介质（又叫传输线、线路、信道）和主机网络接口板组成。在以太网（Ethernet）中，传输介质可以是标准以太网电缆、双绞线和宽带电缆等。网络接口板可以是 3Com 公司的 3C50X 系列以太网卡，或者是 NOVELL 公司的 NE2000 以太网卡等。

在广域网中，通信子网除包括传输介质和主机网络接口板以外，还包括转发部件。转发部件是一种专用计算机，连接两条或多条传输线，负责主机间的数据转发，相当于电话系统中的程控交换机。描述转发部件的术语很多，常见的有分组交换节点、中间系统等。在 ARPANET 中，转发部件又称接口报文处理机等。在 TCP/IP 网中，转发部件相当于网关。

四、计算机网络的分类

（一）按网络的拓扑结构分类

按网络的拓扑结构分类，计算机网络可分为星型网、树型网、总线网、环型网、网状网等。

（二）按网络的使用范围分类

按网络的使用范围分类，计算机网络可分为公用网和专用网。公用网一般是国家邮电部门建造的网络，为全社会的人提供服务。专用网是为某部门特殊工作的需要而建设的网络，不向单位以外的人提供服务，军队、铁路等系统的网络均为专用网。

（三）按网络的分布范围分类

按网络的分布范围分类，计算机网络可分为以下三类：

广域网，分布范围通常为几十至几千千米。广域网有时也被称作远程网，传输速率往往在每秒几千比特以上。

局域网，一般分布在较小的范围内（如 1000 米左右），或在一个建筑物、一个工厂、一个单位内，为某个单位所有。它一般通过高速线路将微型计算机连接起来，传输速率在 1 兆比特以上。城域网，也可称为都市网，其分布范围在广域网和局域网之间。例如，在一个城市内，其作用距离约为 5～10 千米，传输速率也在 1 兆比特以上。

不同的广域网、局域网或城域网还可以根据需要互相连接，形成规模更大的国际网。

五、Internet

（一）Internet 的概念

Internet 是全球性的、最成功的、世界上最大的计算机网络。它分布于全球 100 多个国家，将几千个计算机网络连接在一起，拥有几千万个用户。中国是第 71 个国家级 Internet 网络成员。

Internet 使几千万用户遵守共同的协议，共享资源，由此形成了"Internet 文化"。Internet 是全人类最大的知识宝库。

Internet 是通过网络互联设备把不同的网络和网络群体连接起来而形成的大网络，也称网际网。人们通称的 Internet 是美国人建立起来的，目前已连接世界各国，是一个特定的、被国际社会认可并广泛使用的网络。

（二）Internet 的形成

自 1969 年 ARPANET 问世以后，其规模急速增长，到 1983 年已经可以连接 300 多台计算机，供美国各研究机构和政府部门使用。在 1984 年，ARPANET 分解成了两个网络。一个仍是 ARPANET，供民用科研使用；另一个是军用计算机网络 MIINET。

目前，Internet 已经成为世界上规模最大和增长速率最快的计算机网络，没有人能准确地说出 Internet 有多大。Internet 的迅速发展始于 20 世纪 90 年代。由于欧洲原子核研究组织开发的万维网（World Wide Web，WWW）在 Internet 上被广泛使用，大大地方便了广大非网络专业人员对网络的使用，成为 Internet 指数级增长的主要驱动力。

（三）Internet 对人类的影响

Internet 是在人类对信息资源需求的推动下发展起来的。随着人类社会的发展，信息已经成为人类社会最重要的、不可或缺的、赖以生存与发展的资源。计算机网络技术的不断发展和完善，不仅极大地满足了人类对信息的需求，还加速和推动了人类社会的发展，使人类社会发生了根本性的变革。Internet 有以下优点：

（1）促进经济增长；提高生产率；创造就业机会；保持技术领先地位；推动地方经济的发展；推动电子商务、电子政务的发展。

（2）推动医疗保健制度的改革。

（3）改善为公众利益服务的网络。

（4）促进科学研究。

（5）推动教育事业的发展。

Internet 是全人类的资源，是世界各国的信息基础结构设施，为全人类提供各种形式的信息服务。该网对社会产生的影响如下：

（1）传播媒介。"大众传播媒介"逐渐衰落。电视观众将越来越少，广播电台填补适当的市场。报纸的影响力越来越差，读者数量和广告收入都将越来越少。通信网络能使这些趋势加快，因为通信网络有一些非常个人化的、越来越交互的媒介。"离开大众"的媒介能使用户有更多的自由选择和安排，包括有线电视、小型磁盘、计算机电子公告板、电子邮件、电子报纸、传真、大型传媒装置、音乐合成装置、联机数据库、卫星转播的远程电视教学、电子游戏和录像节目等。

（2）数据检索。各种数据库的联机使一般公民的事务信息量不断扩大，使人们有可能迅速且便利地检索到大量的数据资料。

（3）数据失真。能够便利方便地传输和复制各种信息，为选出的数据材料进行重新加工开辟了道路。计算机的编辑功能使人们能够改变数字数据、声频数据。但也会造成令人烦恼的安全问题，不能确保信息的准确性。

（4）计算机犯罪。

（5）获得信息的难度增加。信息是宝贵的财富，它可以在市场上销售，这样就会出现"信息禁令"，因为有价值的信息的拥有者已经认识到它的价值，并且为了经济利益而采用保护措施或者提高信息价格，最终导致较贫困的个人、机构或国家难以获得信息。

（6）信息贫乏者受歧视。"信息贫乏者"由于缺少信息操作技术，从而被限制了获得就业的机会。电信革命对穷人和未受过教育的人可能是沉重的打击。

（7）推进改革。通信网络加快了信息传播，使政治、经济、组织结构的变革加快。

（8）超越国籍。正如信息超越国界并改进政治结构一样，信息也将改变社团制度和文化传统。

（9）"香蕉"美元。通信网络有可能使全世界各地的巨额货币进行电子汇兑。"香蕉美元"的大量流动能够迅速动摇最庞大的国民经济以外的所有经济体系。

（10）工作人员能够通过他们的个人电脑在家里办公。

（11）电信社会。网络通信的增多意味着人们面对面交流的次数越来越少。然而，随着高清晰度、交互性更强的视频通话的出现，网络交互作用的质量也有所提高。

（12）技术化。通信网络要求使用者的操作和需要必须符合网络的规定。为了简便地存储信息，许多网络都把人简化为一系列的数字，如社会保险、住址、电话号码和传真号码等。

（四）Internet 的功能

Internet 与其他大多数现有的商业网络不同，它不是为某些专用的服务而设计的，它既通用又高效。Internet 能够适应计算机、网络和服务的各种变化，它能够提供多种信息服务。因此，Internet 成了一种全球信息基础设施。Internet 提供的服务主要包括电子邮件、电子公告牌、文件传输、远程登录、信息浏览、高级浏览、自动标题搜索、自动内容搜索、声音和视频通信及全球数字化信息库等。

第二节 协议与体系结构

计算机网络中的计算机是独立自治的，它们之间若要正确地交换数据，就必须遵守一些事先约定好的规则，这就好像两个用汉语进行交流的人，他们必须遵守汉语的语法规则，否则就无法进行交流。为进行网络中的交换而建立的规则、标准或约定称为网络协议。一个网络协议主要由以下三个要素组成：

（1）语法。数据与控制信息的结构或格式。

（2）语义。需要发出何种控制信息，完成何种动作，以及做出何种应答。

（3）同步。事件实现顺序的详细说明。

网络协议实质上是计算机之间在通信时所使用的语法规则，是计算机网络不可缺少的组成部分。

一、网络拓扑结构

计算机网络拓扑结构实际上是信道分布的拓扑结构，常见的网络拓扑结构有五种：总线型、星型、环型、树型和网状型。

不同拓扑结构的信道访问技术、性能（包括各种负载下的延迟、吞吐率、可靠性和信道利用率等）和设备开销都不同，分别适用不同的场合。

尽管拓扑结构之间的差别很明显，但总体来说可以分为两类：点到点信道和广播信道。

在点到点信道类型中，网络包含许多根电缆或租用的电话线路，每一根的两头连接一对 IMP。假如希望进行通信的两台 IMP 不在一条线上，那么必须保证它们经过其他 IMP，从而间接地进行通信。例如，有 A 和 B 两个电话用户，他们的电话线不在一根总的电话线上，所以必须通过电信局的交换机转接。在计算机网络中，当一个用户经过某一台 IMP 发送一组相关信息到另一台 IMP 时，往往要经过多个处于中间位置的 IMP 转发，处于中间位置的 IMP 都会将信息接收下来，并存放在 IMP 的内存中，直到所要求的线路空闲时再向前传送。按这种原理工作的子网称点到点子网（或称存储转发子网）。采用点到点子网时就涉及了网络的拓扑结构。

广播信道系统的固有特性是，任意一个 IMP 发出的信息（或报文）都将被网上其他 IMP 所接收，在发出的信息中（或报文）必须有一些信息来说明它要发给谁。如果一台 IMP 收到的信息不是自己的，那么这台 IMP 就无须理睬。在总线网络中，只有一台 IMP 是总线控制者，它可以进行信息发送，而网上其他的 IMP 则禁止发送信息。总线上必须有一种仲裁机构来解决多台 IMP 想要同时发送而引起的冲突。这种仲裁机构可以是集中的，也可以是分布的。

二、数据交换方式

交换的概念最早来自电话系统，当用户发出电话呼叫时，电话系统中的交换机将在电话的呼叫者与接收者之间寻找一条客观存在的物理通路，并将这个通路建立起来。这条物理通路由两端电话共同占有，直到用户挂断电话。这里的交换体现在交换设备（交换机）内部。

（一）电路交换

当交换机从某条输入线上接收到呼叫请求时，它首先根据被呼叫者的号码寻找一条空闲的输入线路，然后通过硬件开关将两者的线路接通，假如一次通话呼叫要经过若干交换机，则所有交换机都要完成同样的操作。电话系统的交换方式叫线路交换。线路交换的外部表现是，通信两端一旦接通，便拥有一条实际的物理通道，双方共同占有此线路。

线路交换技术有两个优点：第一，传输延迟短，唯一的延迟是电磁信号的传输时间；第二，线路接通后，信道内便不会再发生冲突。第一个优点得益于线路一旦连通，便不再需要连接开销；第二个优点来自独占物理线路。

线路交换技术有两个缺点：第一，建立线路所需的时间很长，在数据传输之前，呼叫必须经过若干中间交换机，然后才能传到被呼叫方，这个过程常常需要 10 秒，甚至更久。第二，线路交换独占线路造成了信道的浪费。因为信道一旦建立起来，即便空闲也不能作为他用。不过，这种浪费也有好处，对于独占信道的用户来说，其可靠性和实时响应的能力非常高。

（二）报文交换

报文交换技术不会事先建立线路，当发送方有数据块要发送时，它会把数据块作为一个整体（即报文，Message）交给交换设备（即 IMP），交换设备再选择合适的空闲输出线，将数据块通过该输出线发送出去，在这个过程中，交换设备的输入线和输出线不建立任何物理连接。与线路交换一样，报文在传输过程中，也可能经过若干个交换设备。在每个交换设备处，报文首先被储备起来，然后在适当的时间转发出去，所以报文交换技术是一种存储转发技术。

（三）分组交换

分组交换也是一种存储转发交换技术。报文交换技术没有对传输数据块的大小作限制，传输报文时，IMP 必须利用主机的磁盘作缓冲，单个报文可占用一对 IMP 线路长达几分钟的时间，这样显然不适合交互式通信。为了解决这个问题，分组交换技术严格限制数据块的大小，使分组可在 IMP 内部存放，保证任何用户都不能长时间（不超过几十毫秒）地占用线路，因此非常适合交互式通信。与报文交换相比，分组交换的另一个优点是吞吐率高，在具有多个分组的报文中，第二个分组未接到之前，已经收到的第一个分组就可以往前发送，不仅减少了时间延迟，还提高了吞吐率。

分组交换除了吞吐率较高以外，还提供了一定的程序校验和代码转换能力。分组交换是绝大多数计算机网络都所采用的技术，也有极少数计算机网络采用报文交换技术，但绝对不采用线路交换技术。

综上所述，交换方式的实质是交换设备内部将数据从输入线切换到输出线的方式。线路交换与存储转发的关键区别是：前者是静态分配线路，后者是动态分配线路。

多数通信子网采用分组交换技术。根据通信子网内部机制的不同可以把分组交换子网分为两类：一类采用连接方式，另一类采用无连接方式。在连接子网中，连接称为虚电路，类似电话系统中的物理线路；在无连接子网中，分组称为数据报，类似于电信系统中的电报。

具体实现时，虚电路子网要求有一个可以建立虚电路的过程，并在各 IMP 上都有一个记录虚电路的 IMP 表。经过某 IMP 的虚电路要在该 IMP 的 IMP 表中占有一个表目，将从信源到信宿路径上所有的 IMP 表的相应表目串联起来，便能构成一条虚电路。这条虚电路在建立连接的过程中产生，在关闭连接时撤销。一对主机之间一旦建立了虚电路，分组即可按虚电路进行传输，不必给出显示的信宿地址，而且传输过程中也不必再为各分组单独寻址，所有的分组需遵循既定的虚电路。除此之外，虚电路方式在内部还包括输入输出缓冲机制和可靠性机制。

数据报子网没有建立连接的过程，各数据报均带信宿的地址，传输时子网给各数据报单独寻址。

虚电路和数据报这两个概念不仅可以用来描述通信子网内部结构，实际上也是分组交换的两种形式。面向连接的分组交换技术通常称为虚电路，无连接的分组交换称数据报。虚电路一般用于描述通信子网，因为虚电路需要一定的内部机制支持，数据报不需要内部支持。

三、网络协议

（一）网络结构和协议

现代计算机网络通过高度结构化的方式进行设计。为减少设计的复杂性，绝大多数网络由一系列的层或级组成，而且每一层都建立在前一层的基础上。层数、每一层的名称和每一层的功能都将随着网络的不同而不同。但是在所有的网络中，每一层的目的都是为高层提供一定的服务。

某一台主机的第 N 层与另一台主机的第 N 层进行对话，在这种对话中使用的规则和约定的集合被称为 N 层协议。

实际上，没有任何数据是从一台主机的第 N 层直接传送到另一台主机的第 N 层的（最底层除外），而是每层将数据和控制信息传递给紧挨着它的下一层，直到最底层为止，在最底层实现与另一台主机的物理通信。在每对相邻的层之间都有一个接口，接口定义了较低层向较高层提供原始操作和服务，当网络设计者决定网络中应包含多少层和每层有多少任务时，最重要的是考虑每两层之间要有一个明确定义的接口。有了这个接口，就可依次要求每一层执行一组已被充分理解的具体功能。除了减少在层间传递的信息外，明确划分的接口还易于用完全不同的一种方法来代替原来的那一层。例如，所有的电话线路都被微波线路所取代。

层和协议的集合称为网络体系结构，体系结构的说明必须包含足够的信息，以允许网络的实现者能编写完全符合协议的程序，至于执行细节和接口规则都不是网络体系结构需要说明的范畴。网络结构和协议是计算机网络的基本研究课题。

（二）国际标准化组织参考模型

ISO（International Standard Organization）是国际标准化组织的缩写，是专门制定各种国际标准的组织。著名的开放系统互联参考模型就是 ISO 制定的有关通信协议的模型。设计此模型的目的是为设计协议簇的人们提供一个统一的结构。

下面依次讨论这七层协议：

1.物理层

物理层关系到在通信信道上传输的原始比特（bit）信号，在这一层中主要处理与传输介质有关的机械的、电气的和与通信子网的接口问题。

2.数据链路层

数据链路层的任务是将一个原始的传送机构转换为对于网络层来说无传输错误的传输线。要完成这个任务，就必须把输入数据分成若干个称为数据帧（或帧）的单位。每个数据帧都包含要发送的数据、数据要达到的目的地址、源地址、帧类型和校验信息等。

数据链路层分为访问控制和逻辑控制两个子层，访问控制子层解决广播型网络中多用户竞争信道使用权的问题，逻辑控制子层的主要任务是将有噪声的物理通道变成无传输差错的通信通道，并提供数据成帧、差错控制、流量控制和链路控制等功能。

3.网络层

网络层（有时称通信子网层）负责将数据从物理连接的一端传到另一端，主要功能是路径的选择，以及与之相关的流量控制和拥塞控制等。

这层通常还拥有一些会计的功能，用来记录每个用户发送了多少个包、多少个字或多少比特的信息，从而产生有关收款的信息。

4.传输层

传输层，又称主机层，它的主要功能是接收来自会话层的数据，把这些数据分成较小的单元，再将它们传输到网络层，并保证所有数据块准确地到达另一端。传输层通过提供一个标准的、通用的界面，使上层与通信子网（下三层）的细节相隔离，传输层的主要任务是提供进程间的通信机制和保证数据传输的可靠性。

5.会话层

若忽略某种数据变换的表示层，则会话层就是用户进入网络的接口。会话层主要针对远程终端访问，包括会话管理、传输同步和活动管理等。会话一般是面向连接的，远过程调用是个例外。

6.表示层

表示层的主要功能是信息转换，包括信息压缩、数据加密、标准格式转换和上述操作的逆操作等。

7.应用层

应用层向用户提供通用或常用的应用程序，例如电子邮件和文件传输。

（三）TCP/IP 协议

与国际标准化组织的 ISO 模型不同，TCP/IP（Transmission Control Protocol/Internet Protocol）协议不是作为标准而制定的，而是产生于广域网的研究和应用实践中，并且作为现在事实上的网络标准。

第三节 网络互联与 Internet

一、局域网技术

（一） 局域网的定义

局域网技术是当前计算机网络技术领域中非常重要的一个分支。局域网作为一种重要的基础网络，在企业、机关、学校等单位和部门中都得到了广泛的应用。局域网还是建立互联网络的基础网络。

至今，人们还很难给局域网一个严格的定义。但大多数人认为，局域网（简称 LAN）是指在较小的地理范围内，将有限的通信设备互联起来的计算机网络。局域网只是一种通信网，仅有 OSI 参考模型的下三层，其覆盖范围处于广域网与多处理器计算机系统之间，约 10m～1km。局域网具有以下几个特点：

1.共享传输信道

在局域网中，几个计算机系统连接到一个共享的通信媒体上。

2.地理范围有限，用户数有限

通常局域网属于某个单位所有，只在一个相对独立的局部范围内联网，如在一座建筑物内、一个学校中，等等。

3.传输速率高

局域网的传输速率一般在 1Mbps～1000Mbps，能支持计算机间的高速通信，所以延时较低。

4.误码率低

因为是近距离传输，所以误码率很低，一般在 10^{-11}～10^{-8} 之间，因而可靠性高。

5.多采用分布式控制和广播式通信

在局域网中，各结点是平等的，并不是主从关系，可以进行广播（一结点发，所有结点收）或组播（一结点发，多个结点收）。

（二）局域网的体系结构

20 世纪 80 年代初期，美国电气和电子工程师学会 IEEE802 委员会首先制定出了局域网的体系结构，即著名的 IEEE802 参考模型。其中包括 IEEE802.3（CSMA/CD）、IEEE802.4（令牌总线）、IEEE802.5（令牌环）。著名的以太网（Ethernet）就是 IEEE802.3 的典型产品，也是当前使用最为广泛的一种计算机局域网。许多 802 标准现在都成了 ISO 国际标准。

由于局域网只是一个计算机通信网，而且不存在路由选择问题，因此它不需要网络层，只需要最低的两个层次，即物理层和数据链路层。然而，局域网的种类繁多，其媒体接入控制方法也不相同。为了使局域网中的数据链路层不那么复杂，可以将局域网中的数据链路层划分成两个子层，即媒体访问控制子层和逻辑链路控制子层。

（三）局域网硬件的基本组成

局域网主要由网络服务器、用户工作站、网络适配器（网卡）、传输媒体等部分组成。

1.网络服务器

对局域网来说，网络服务器是网络控制的核心。一个局域网至少要有一个服务器，尤其要配一个文件服务器。文件服务器要求由高性能、大容量的计算机来担任，如微机局域网的文件服务器通常由配备大容量存储器的高档微机担任。文件服务器的性能直接影响整个局域网的性能。

2 用户工作站

在网络环境中，用户工作站是网络的前端窗口，用户通过工作站访问网络上的共享资源。在局域网中，用户工作站可以由计算机担任，也可以由输入输出终端担任，还可以用网络计算机充当。对工作站的性能要求主要根据用户的需求而定。

3.网卡

在局域网中，从功能的角度来说，网卡相当于广域网中的通信控制处理机。工作站或服务器连接到网络上，网络资源共享和互相通信都是通过网卡实现的。网卡对于局域网中的工作站和服务器来说是不可缺少的设备。

4.传输媒体

传输媒体是网络通信的物质基础之一。传输媒体的性能特点对信息传输速率、通信的距离、连接的网络结点数目和数据传输的可靠性等均有很大的影响。因此，人们必须根据不同的通信要求合理地选择传输媒体。目前，局域网中使用的传输媒体主要是双绞线，也可以采用同轴电缆、光缆。

（四）网络操作系统

要使局域网满足用户的需求，必须有合适的高层软件，包括各种局域网系统软件和应用软件。

局域网的网络操作系统是网络用户与计算机网络之间的接口，网络用户通过网络操作系统请求网络服务。网络操作系统与一般概念操作系统的最大区别是，网络操作系统增加了对网络资源管理和提供用户请求网络服务的功能。网络操作系统除了具有处理机管理、存储管理、设备管理、作业管理、文件管理的功能外，还具有网络设备管理和网络管理的功能。目前流行的操作系统如 Windows（9x/2000/XP）、UNIX、Linux 等都是网络操作系统。

二、网络互联

（一）网络互联概念

若想更加广泛地应用局域网，必然要求跨部门、跨地区甚至跨国界的网络互联，以便实现在更大范围内的信息共享。例如，无纸贸易、国际的电子邮件、数据信息查询与检索。因此，不同类型的网络互联是网络发展的必然趋势。

ISO 提出的 OSI 参考模型，目的是解决世界范围内网络的标准化，旨在使一个遵守

OSI 标准的系统可以与位于世界任何地方，并遵守同一标准的其他任何系统进行通信。但世界上存在许多非 OSI 体系结构的网络。相同网络的互联是比较容易的，而异构网络的互联就要复杂很多。因此，网络互联技术实质上就是异构网络互联。

网络互联的具体方法有很多，但总体来说，进行网络互联时应当做到以下几点：

（1）在网络之间至少提供 1 条连接的链路及链路控制规程。

（2）在不同的网络之间提供合适的路由，以便交换数据。

（3）为用户使用互联网提供计费服务，它记录着不同网络和不同网关的使用情况，并且维护这些状态信息。

在提供上述服务时，要求不改变原有的网络体系结构，能适应各种差异：不同的寻址方案，不同的最大分组长度，不同的网络访问控制方法，不同的超时控制，不同的差错恢复方法，不同的状态报告方法，不同的路由选择方法，不同的用户访问控制，不同的服务（面向连接的服务和无连接的服务），不同的管理与控制方式，以及不同的传输速率等。

（二）网络互联方案

网络互联时，不能简单地互联，而要通过一个中间设备互联，这个中间设备称为中继系统。在两个网络的连接路径中可以有多个中继系统。如果某个中继系统在进行信息转换时与其他系统共享共同的第 N 层协议，那么这个中继系统就称为第 N 层中继系统。如此，可以把中继系统划分成以下四种：

1.物理层的中继系统

中继器（或转发器）是用于同种网络的物理层的中继系统，对接收信号进行再生和发送，扩大一个网络的作用范围。

2.数据链路层的中继系统

网桥（桥接器）是在数据链路层对帧信息进行存储转发的中继系统。

3.网络层的中继系统

路由器在网络层存储转发分组。

4.比网络层更高的层次上的中继系统网关

网关，又称网间连接器、信关或联网机。网关是对传输层及传输层以上的协议进行转换，它实际上是一个协议转换器。网关可以是双向的，也可以是单向的。网关是中继系统中最复杂的一种。

互联各种类型的网络，可采用两种方式，即利用中继系统实现网络互联和通过互联网实现网络互联。

广域网互联，一般使用路由器或网关在网络层实现以下各层协议的转换，广域网互联方式分为无连接和面向连接两种。

当今流行的 Internet 就是采用无连接互联方式。无连接互联方式是采用互联网协议 IP，通过 IP 路由器将网络互联起来。"无连接"是为了强调这种互联方式向传输层提供的是无连接服务。换言之，不论互联的各网络之间有多少差异，当上升到网络层，整个网络都要按照同一个 IP 协议来工作，向传输层提供无连接服务。

三、TCP/IP 协议

TCP/IP 协议是一个完整的协议簇，TCP/IP 协议族主要包括 IP（网际协议）、TCP（传输控制协议）、UDP（用户数据报协议）、RARP（反向地址转换协议）、ICMP（网际控制报文协议）等。其中 TCP、IP 是该协议簇中两个主要的协议，所以人们把这个协议簇称为 TCP/IP 协议。TCP/IP 协议开发得较早，并不完全符合 ISO 的开放系统互联模型。TCP 对应 ISO/OSI 的传输层，IP 对应网络层，TCP/IP 与 ISO/OSI 是对应关系。目前广为流行的微机操作系统 UNIX、Linux、Windows 都实现了 TCP/IP。应注意 TCP/IP 与 ISO/OSI 的差别。

1.物理层

物理层是在协议模型的硬件级上，它负责处理电子信号。物理层协议发送和接收"包"格式的数据，一个"包"包括源地址、要传送的数据和目的地址。TCP/IP 支持许多不同的物理层协议，其中包括以太网。

2.数据链路层

数据链路层主要关心物理级的地址，此层协议涉及各种通信控制器，以及这些控制器的芯片和缓冲区。在这层，TCP、IP 协议支持以太网，ARP 和 RARP 协议可以看作网络层和数据链路层之间的协议。ARP 是以太网的地址转换协议，它把已知的 IP 地址

（32b）映射成以太网的地址（48b）；RARP（或 Reverse ARP）是 IP 地址转换协议，它把已知的以太网地址（48b）转换为 IP 地址（32b），与 ARP 正好相反。

3.网络层

IP 和 ICMP 是网络层上的两个协议，IP 提供主机与主机之间的通信，它通过主机接收的 IP 地址决定传输路径的方法，以完成传输路径的选择。IP 还传输格式服务，它把传送的数据组装成数据报的格式。如果数据报是向外发送的（即从较高层协议收到），则把 IP 头（IP header）加到此数据报上。IP 头包含许多信息，其中包括发送和接收主机的地址。ICMP 允许主机发送控制报文（也叫差错报文）到其他主机，ICMP 为一台计算机的网络软件与另一台计算机的网络软件提供通信。ICMP 报文在 IP 数据报的数据部分中，像所有其他流通信息一样，经过网络进行传输。ICMP 报文的最终报宿不是接收结点主机上的一个用户，而是那个计算机上的进程。也就是说，当一个有错误的 ICMP 报文到达时，IP 软件模块就会处理这个错误，不会把错误的 ICMP 报文传送给相应的应用程序。

4.传输层

TCP/IP 的传输层协议能使运行在不同机器上的进程进行通信，这一层的协议有 TCP 和 UDP。

TCP 是传输控制协议，是面向连接的，因此可提供可靠的、按序传送数据的服务。TCP 传输数据时，首先在通信双方之间建立连接，然后进行数据传输，数据传输完成后再撤销连接。TCP 不提供广播和多播服务，由于 TCP 要提供可靠的数据传输服务，因此 TCP 就不可避免地增加了许多开销，包括链路的建立与撤销、应答、流量控制、定时器等。

UDP 是数据报协议。UDP 在数据传输之前不需要建立连接，远地的主机在接收到 UDP 数据报后，也不需要给发送方任何应答。相对 TCP 而言，UDP 是一种高效的通信协议。

5.应用层

应用层协议包含多种应用协议，主要包括：

TELNET，简单远程终端协议。

FTP，文件传输协议。

SMTP，简单邮件传送协议。

四、Internet 编址与地址解析

（一）IP 地址

Internet 是通过网关（或 IP 路由器）将各种物理网络互联在一起的虚拟网络，而一个物理网络中各站点都有一个可识别的地址，这个地址称为物理地址。物理地址的格式、长度等均由物理网络所采用的技术决定，如果不对地址进行统一管理，那么同一类型但不同物理网络上的站点可能拥有相同的物理地址。Internet 对物理地址的"统一"是在 IP 层完成的，IP 协议提供整个 Internet 通用的格式，该地址格式采用分层结构，由网络地址和主机地址两部分组成。网络地址用来标识连入 Internet 的网络，主机地址标识特定网络中的主机（包括网关）。为了确保一个 IP 地址仅对应一台主机，其网络地址由 Internet 注册管理机构——网络信息中心（Network Information Center，NIC）分配，而主机地址由网络管理机构分配。

IP 地址长度为 32bit，用"X.X.X.X"格式表示，X 为 8bit，其值为 0～255，这种格式的地址称为点分十进制地址。

IP 地址分为五类。其中 A 类、B 类和 C 类为主类地址，D 类和 E 类为次类地址，用户可根据需要申请不同的 IP 地址。IP 地址的前 5bit 用于标识地址的类型。例如，A 类地址的第一个 bit 为"0"，B 类地址的前两个 bit 为"10"等。

A 类地址，网络地址空间为 7bit，允许 126 个不同的 A 类网络，起始地址范围为 1～126。每个网络的主机地址数多达 224（16 000 000）个。也就是说，主机的地址范围为：1.0.0.0～126.255.255.255，适用于有大量主机的大型网络。

B 类地址，网络地址空间为 14bit，允许 214（16 384）个不同的 B 类网络，每个网络能容纳 216（65 536）台主机。主机的地址范围是：128.0.0.0～191.255.255.255。这种编址适用于国际性大公司和政府机构等。

C 类地址，网络地址空间为 21bit，允许多达 221（209 715）个不同的 C 类网络，主机的地址范围为：192.0.0.0～223.255.255.255，每个 C 类网络能容纳 256 台主机。

D 类地址，不标识网络，其起始地址从 224～239，主机的地址范围为：224.0.0.0～239.255.255.255。用于特殊用途，例如多目广播。

E 类地址暂时保留。

通过点分十进制地址可识别 Internet 的地址类型。例如，126.1.1.1，通过第一个十

进制数"126"就可知道它是一个 A 类地址；128.2.34.123 是一个 B 类地址。

IP 地址中包括网络地址，这种地址能确定主机连接在哪个网络上。Internet 给网关所连的每一个网络都分配了一个 IP 地址，网关连接多少个网络，便拥有多少个 IP 地址。事实上，同一网关的不同 IP 地址，对寻径来说是非常有利的。同理，有些主机也像网关一样具有两个或两个以上的物理连接，这种主机叫"多穴主机"，多穴主机有多个 IP 地址。每个 IP 地址对应一个物理连接。

在实际应用中，仅靠网络地址来划分网络会出现许多问题。比如，A 类地址和 B 类地址都允许一个网络中包含大量的主机，但实际上不可能有这么多主机连接到一个网络上，这不但降低了 Internet 地址的利用率，还会给网络寻址和管理带来很大的困难。解决该问题的办法是引入子网的概念，换句话说，就是将主机地址划分成子网地址和主机地址，通过灵活定义子网地址的位数来控制每个子网的规模。这样，主机属于子网，若干个子网共享同一个 IP 网络地址。将一个大的 IP 网络划分成若干个既相对独立又相互联系的子网后，对外仍是单一的 IP 网络。IP 网络外部并不需要知道网络内部子网的划分细节，但 IP 网络内部各子网需要独立寻址和管理，子网间通过子网路由器相互连接，这样便于解决网络寻址和网络安全等问题。

判断两台主机是否在同一子网中，需要用到子网掩码。子网掩码的长度仍为 32bit，只是网络部分（包括 IP 网络和子网）全为"1"，主机部分全为"0"。判断两个 IP 地址是否在同一子网中，只需要判断这两个 IP 地址与子网掩码做逻辑"与"运算的结果是否相同，若相同，则说明在同一子网中，否则不在同一子网中。

（二）地址解析

IP 地址统一了不同的物理地址，但是这种统一仅是在自 IP 层开始的以上各层使用统一格式的 IP 地址，然后将物理地址隐藏起来，实际上对各种物理地址没有做任何改动。在物理网络的内部仍然使用各自的物理地址。由于物理网络技术的多样性，物理网络地址规范五花八门。如此，在 Internet 中就存在着 IP 地址和各物理网络的网络地址。要把这两种地址统一起来，就必须建立二者之间的映射关系。IP 地址与物理网络的物理地址之间的映射称为地址解析，包括两方面的内容：从 IP 地址到物理地址和从物理地址到 IP 地址的映射。为此，TCP/IP 专门提供了两个协议：其一，ARP 用于从 IP 地址到物理地址的转换；RARP 用于将物理地址转换成 IP 地址。

第四节 Internet 的应用

Internet 的应用已经影响了人们当今生活的各个领域，并且改变了人们的生活和工作习惯及方式。从形式上，Internet 的应用可分为工具、讨论、信息查询和信息广播等四类。工具类的应用包括远程登录、文件传输协议、电子邮件、文件寻找；讨论类的应用包括电子公告板、网络新闻论坛、实时在线交谈、视频会议；信息查询类的应用包括分布式文件查询系统、广域信息查询系统、万维网超文本查询系统；信息广播类的应用包括在线语音和电视广播。

一、域名结构与域名解析

在 Internet 中，为了屏蔽不同网络的物理地址的差别，在 IP 层使用 IP 地址来标识主机，但这种数字型的地址既难记忆又难理解。为了向用户提供直观的主机标识符，TCP/IP 专门设计了一种层次型名字管理机制，即域名系统。它包括字符型的层次式主机命名机制和名字与地址映射的分布式计算机的实现。

（一）域名结构

Internet 允许用户为自己的计算机命名，即用输入的名字代替 IP 地址，但要求所命名的主机全局唯一、便于管理、方便映射。因此，任何连接在 Internet 上的主机或路由器都要有一个层次结构的名字，称为域名。"域"是名字空间中一个可被管理的划分。域还可以被划分为子域，如二级域、三级域等。域名结构由若干个分量组成，各分量之间用小数点隔开，例如：

三级域名.二级域名.顶级域名。

各分量分别代表不同级别的域名。每级的域名都由英文字母和数字组成（不超过 63 个字符，而且字母不区分大小写），级别最低的域名写在最左边，级别最高的域名（或称顶级域名）写在最右边。一个完整的域名不超过 255 个字符。域名系统既不规定一个域名需要包含多少个下级域名，也不规定每一级域名所代表的含义。各级域名由其上一级的域名管理机构管理。例如，华中科技大学校园网的域名是"hust.edu.cn"，如果要申请校园网内的域名，就得向华中科技大学校园网管理中心申请，而最高的顶级域名则由 Internet 的有关机构管理。用这种方法可使每一个名字都是唯一的，并且可以设计出一种查找域名的机制。需要注意的是，域名只是个逻辑概念，并不能反映计算机所在的地理地点。

现在顶级域名（TLD，Top Level Domain）有三类。

（1）国家顶级域名 nTLD，采用 ISO3166 的规定。例如，cn 表示中国，us 表示美国等。

在国家顶级域名下注册的二级域名由该国自行规定。

我国将二级域名划分为类别域名和行政区域名两大类。

类别域名有六个，分别是：

ac 表示科研机构。

com 表示工、商、金融等企业。

edu 表示教育机构。

gov 表示政府部门。

net 表示互联网络、接入网络的信息中心。

org 表示各种非营利性组织。

区域域名共三十四个，适用于我国各省、自治区和直辖市。例如，hb 表示湖北省，bj 表示北京市，sh 表示上海市等。

（2）国际顶级域名 iTLD，采用 int。在国际组织 int 下注册。

（3）通用顶级域名 gTLD，根据［RFC1591］规定。最早的通用顶级域名有六个，分别是：

com 表示公司企业。

net 表示网络服务机构。

org 表示非营利性组织。

edu 表示教育机构。

gov 表示政府部门（美国专用）。

mil 表示军事部门（美国专用）。

由于使用 Internet 的用户急剧增加，现在又新增了七个通用顶级域名，分别是：

fire 表示公司企业。

shop 表示销售公司企业。

web 表示突出万维网活动的单位。

arts 表示突出文化、娱乐活动的单位。

rsec 表示突出消遣、娱乐活动的单位。

info 表示提供信息服务的单位。

nom 表示个人。

（二）域名解析

域名解析就是将域名转换成 IP 地址，由 Internet 系统中的 DNS 完成的。

Internet 的 DNS 被设计成一个联机分布式的数据库系统，并采用客户/服务器模式。DNS 使大多数名字都在本地映射，仅少量需要映射在 Internet 通信上，使得系统是高效的。DNS 也是可靠的，即使单个计算机出了故障，也不会妨碍系统的正常工作。名字到域名的映射由若干个域名服务器程序组成。域名服务程序在专设的结点上运行，而人们也常常把运行域名服务程序的计算机称为域名服务器。

将域名转换成 IP 地址的过程如下：当一用户进程需要将主机名映射为 IP 地址时，该应用程序就成了域名系统的一个客户，并将待转换的域名放在域名系统请求报文中，以数据报的方式发送给本地的域名服务器（使用数据报是为了减少开销）。本地域名服务器在查找到域名后，将对应的 IP 地址放在应答报文中返回，应用进程在获得目的主机的 IP 地址后即可进行通信。

若本地域名服务器不能回答该请求，则此域名服务器就暂时成为域名系统中的另一个客户，也将待转换的域名放在域名系统的请求投放中，以数据报的方式发送给上一级的域名服务器，直至找到能够回答该请求的域名服务器为止。

二、远程登录

远程登录是一个简单的远程终端协议。用户使用远程登录时，可以在其所在地通过 TCP 连接（或登录）在远地注册的另一个主机上（使用主机名或 IP 地址）。远程登录能把用户的击键传到远地的主机，同时也能把远地主机的输出通过 TCP 连接返回到用户屏幕上。这种服务是透明的，因为用户感觉好像键盘和显示器就连接在远地的计算机上。

三、文件传输协议

文件传输协议是 Internet 上使用最早的应用，也是最重要的，采用客户/服务器工作方式。它的作用是在不同的计算机系统间传送文件，但与主机的类型无关，文件的种类不限。文件既可以从远程的主机往本地的主机上传输，称为"下载"；也可以从本地的主机往远程的主机上传输，称为"上传"。文件传输协议提供了非常丰富、功能强大的命令集，其中最基本的是文件传输和文件管理命令。

文件传输协议的使用很简单，首先通过 ftp：//iccc.hust.edu.cn 命令进入相应的文件传输协议服务器，然后输入用户名和密码。系统核准后，就可以使用文件传输协议的命令进行文件的传输和管理。文件传输协议的命令集与单机的文件操作命令几乎相同。

四、电子邮件

电子邮件是 Internet 上使用最多且最受欢迎的一种应用。电子邮件可以把邮件发送到收信人的邮箱中，收信人随时收取。电子邮件不仅使用方便，而且费用低廉，现代的电子邮件不仅可以传送文字信息，而且可以附上声音和图像。由于电子邮件的广泛使用，人们很少去邮局邮信。

用户若想使用电子邮件，可以申请一个电子邮件地址，然后在自己的计算机上安装电子邮件系统，之后就可以使用电子邮件系统发送和接收邮件。用户也可以使用 Web 浏览器来收发电子邮件。电子邮件地址中的 XXXX 是用户名（或称账号）。

五、万维网超文本查询系统

万维网（World Wide Web，WWW）是 Internet 上的一个超文本信息查询工具。超文本与传统文本不同，传统文本是线性结构，只能顺序阅读，没有选择余地，而超文本是非线性结构，制作超文本时，将写作素材按其内部的联系划分成不同层次、不同关系的信息单元，然后用超文本语言将其链接成一个网状结构的文件集合。

超文本由一些相对独立的信息单元和表达信息单元之间的关系的链接组成。这些信息单元又叫结点或 Web 页，结点的信息可以是文本、声音和图像，每个结点表达一个特定的主题，其大小视实际情况而定，通过超文本文件中的某些词或词组把相关的结点链接起来，每个链接都有一个相应的指针（另一个文件的地址）。链接可以使结点或 Web 站点形成网状的信息网格。

结点、链接和信息网格构成超文本的三要素，其中链接是超文本的核心，功能直接影响结点信息的表现能力和信息网格的结构。当使用 WWW 阅读超文本文件时，屏幕上会出现许多不同的词或词组，这些被点亮的词或词组就是链接，用鼠标单击点亮后，便会显示词或词组所对应文件的内容。因此，浏览者可以有选择地阅读，这个阅读是有选择的、非线性的，类似于联想思维模式，从而提高了人们获得知识的效率。

超文本标记语言（Hyper Text Markup Language，HTML）是一种专门用于万维网的编辑语言，用来创建 Web 文档，对 Web 的内容、格式及 Web 页中的超级链接进行描述。浏览器用来读取 Web 网点上的 HTML 文档，显示相应的 Web 页面。超级文本传输协议（Hyper Text Transfer Protocol，HTTP）则是浏览器与 Web 服务器之间进行通信的协议。万维网也采用客户/服务器的工作方式，它的客户端软件是万维网浏览器，万维网服务器则运行着万维网服务程序。用户使用浏览器向服务器发出查询请求时，服务器会查询所有存储在服务器内的信息，如果所查询的信息没有在服务器上，那么这台服务器负责与其他服务器连接，并把结果通知浏览器，显示给用户。

第五节 计算机网络安全

在计算机网络系统中，多个用户同处在一个大环境中，系统资源是共享的，用户终端可以直接访问网络和分布在各用户主机中的文件、数据和各种软件、硬件资源。随着计算机和网络的普及，政府、军队的核心机密和重要数据，企业的商业机密，以及个人隐私都存储在互联的计算机中，但因系统的原因和不法之徒千方百计地闯入与破坏，有关方面蒙受了巨大的损失。因此，网络安全已成为计算机领域中最重要的研究课题之一。

一、计算机网络面临的安全威胁

在计算机网络中，安全威胁来自以下四个方面：

（1）截获。当两个用户通过计算机网络进行通信时，如果不采取任何保密措施，那么网上其他的用户就可能"偷听"到他们的通信内容。

（2）中断。当用户正在通信时，破坏者可设法中断他们的通信。

（3）篡改。用户甲给用户乙发了一份报文，报文在转发过程中经过了用户丙，用户丙修改了报文。这样，报文就被篡改了。

（4）仿造。当用户甲与用户乙用电话进行通信时，用户甲可以通过声音来确认对方。但用计算机进行通信时，若用户甲的屏幕上显示的是"用户乙"，那么用户甲如何确定对面是用户乙而不是别人。如果用户甲是网络上的合法用户，一个非法的用户获得了用户甲的权限，就会以用户甲的合法身份使用计算机网络中的信息。

以上四种对网络的威胁可以划分成两大类：被动攻击和主动攻击。截获信息的攻击称为被动攻击，攻击者只观察某一协议数据单元而不干扰信息流，即使这些数据对攻击者来说是不易理解的，他也可以通过观察协议数据单元的部分协议控制信息，了解正在进行通信的实体的地址和身份，研究协议数据单元的长度和传输的频度，以便了解所交换的数据的性质。这种被动攻击又称为通信量分析。

更改信息和拒绝用户使用资源的攻击称为主动攻击，是指攻击者对某个连接中通过的协议数据单元进行各种处理，如有选择地更改、删除、延迟这些协议数据单元（包括记录和复制）；攻击者还可以在稍后的时间里将以前记录下的协议数据单元插入到这个连接（即重放攻击）中，甚至还可以将合成的或仿造的协议数据单元送入到下一个连接中。

所有的主动攻击都是上述各种方法的某种组合。从类型上看，主动攻击又可分为三种。

（1）更改报文流。更改报文流包括对通过连接的协议数据单元的真实性、完整性和有序性的攻击。对真实性的攻击可以是更改协议数据单元中的协议控制信息，这样报文就会被送往错误的目的地；对完整性的攻击可以是更改协议数据单元的数据部分；对有序性的攻击则可用删除或更改协议数据单元中协议控制部分的序号来实现。

（2）拒绝报文服务。拒绝报文服务是指攻击者或者删除通过某一连接的所有协议数据单元，或者将双方或单方的所有协议数据单元加以延迟。

（3）仿造连接初始化。攻击者重放以前已经被记录的合法连接初始化序列，或者仿造身份企图建立连接。

对于主动攻击，人们可以采取适当措施加以检测。但对于被动攻击，通常是检测不出来的。根据这些特点，可以得出计算机网络安全的五个目标，具体如下：

防止析出报文内容。

防止信息量分析。

检测更改报文流。

检测拒绝报文服务。

检测仿造初始化连接。

对于主动攻击，需要采取加密技术和适当的鉴别技术。而对于被动攻击，可采用数据加密技术。

还有一种特殊的攻击就是恶意程序攻击。恶意程序攻击种类繁多，对于网络安全威胁较大的有以下几种：

（1）计算机病毒。一种会"传染"其他程序的程序，"传染"是通过修改其他程序来把自身或其变种复制进去完成的。

（2）计算机蠕虫。一种通过网络的通信功能将自身从一个结点发送到另一个结点并启动运行的程序。

（3）特洛伊木马。一种程序，它执行的功能超出了其声称的功能。比如，编译程序除了执行编译任务以外，还要把用户的源程序偷偷地复制下来，这种编译程序就是一种特洛伊木马。将一恶意程序隐藏在某个程序中，当用户运行这个程序时，恶意程序也启动了运行，从而对用户的计算机硬件、软件和数据进行破坏。

（4）逻辑炸弹。一种当运行环境满足某种特定条件时才会启动运行的恶意程序。比如，隐藏在 Word 中的某个逻辑炸弹，在条件不具备时，系统相安无事；当某个特定的条件得到满足时，逻辑炸弹程序就会开始运行，或删除系统中的某些甚至全部文件，或删除、篡改数据库中的数据，或破坏系统的软、硬件设备。

上面讨论的计算机病毒是狭义的，也有人把所有的恶意程序泛指为计算机病毒。

二、计算机网络安全的内容

（一）安全与保密

计算机网络安全是指保护网络系统中用户共享的软、硬件资源不受到有意和无意的各种破坏，不被非法侵用等。研究计算机网络安全问题必然涉及保密问题。尽管计算机网络安全不仅仅局限于保密，但在研究计算机网络安全问题时，针对非法侵用、盗窃机密等方面，要用保密技术加以解决。

保密是指为维护用户自身的利益，防止非法侵用和盗窃资源，使非法用户不能使用和无法盗取，或非法用户即使盗取资源也无法识别。保密一直是数据处理系统和通信系统中一个重要的研究课题，它涉及物理方法、存取数据的管理和控制、数据加密解密等数据安全机构。密码技术是实现保密与安全的有效办法。

密码技术分加密和解密两部分：加密是把需要加密的报文按照以密码密钥（简称密钥）为参数的函数进行转换，并产生密码报文；解密是按照密钥参数将相应的密文转换成明文。目前常用的密码方法有三种：代码转换法、转换密码法和数据加密标准。其中，数据加密标准由 IBM 公司研制，于 1997 年被美国联邦政府确定为标准，在国际上引起了极大的重视。数据加密标准采用多层次的、复杂的数据替换，使加密后的密文几乎不能被破译。加密的方法分为通信加密和文件加密两种。

1.通信加密

通信加密是对通信过程中传输的数据进行加密，它分为以下三种：

（1）结点加密

在相邻结点之间对传输的数据进行加密。

结点加密的原理：在数据传输的整个过程中，发送结点对要发送数据的明文进行加密，再以密文形式发出；中间转发结点先接收密文并解密成明文，然后按照本结点的密钥进行加密，并以密文发出，直至到达数据的目标结点。

（2）链路加密

在通信链路上对传输的数据进行加密，这种加密方法主要通过硬件来实现。

链路加密的原理：明文从某个发送结点发出，经过通信站时，利用通信站进行加密形成密文，然后再进入通信链路；当密文经通信链路传输到某个相邻中继结点或目标结点时，先经过通信站对密文进行解密，然后结点接收明文。

（3）端对端加密

这种加密方式是在报文传输初始结点上实现，在数据传输的整个过程中，报文都是以密文的方式传输，直到报文到达目标结点才进行解密。

2.文件加密

文件加密是对存储的文件进行加密。文件加密分为单级加密和多级加密两种。在控制上，一方面与用户或用户组有关，另一方面与数据有关。单级数据信息加密是对需要进行保密的数据信息一视同仁，不对这些数据信息进行保密级别分类的保密方式。多级数据信息加密是对需要保密的数据信息按其重要程度分成若干个保密等级的保密方式。这两种方式中多级加密的实现较为困难。

（二）安全协议设计

设计出安全的计算机网络是人们急切盼望的。因此，设计出计算机网络安全协议是目前计算机安全研究的主要问题。但网络安全是不可判断的。目前，在安全协议的设计方面，主要针对具体的攻击来设计安全的通信协议。保证协议的安全通常有两种方法：其一，用形式化的方法来证明；其二，用经验来分析协议的安全性。形式化证明的方法是人们所希望的，但一般意义上的协议安全性也是不可判定的，只能针对某种特定类型的攻击来讨论其安全性。对复杂的通信安全性，形式化证明比较难保证，所以主要采用找漏洞的分析方法。

（三）存取控制

存取控制也称访问控制，必须对接入网络的权限加以控制，并规定每个用户的接入权限。由于网络是一个非常复杂的系统，其存取控制比操作系统的存取控制机制要复杂得多，尤其在高安全性级的情况下更是如此。

（四）防火墙技术

随着 Internet 的飞速发展，越来越多的企业通过 Internet 上的信息服务拓展业务，为客户提供在线服务、技术支持，但随之而来的网络安全问题也有很多。因为 TCP/IP 协议很少考虑网络安全性，在 Internet 环境下的主机可能会受到来自 Internet 上的任何一个地方的攻击，一个薄弱的环节被攻破，就会殃及其他主机。为了保护整个网络的安全，出现了防火墙技术。

内部网是近年来发展较快的一种企业内部网络。内部网通常采用一定的安全措施与企业外部的 Internet 用户相隔离，这种安全措施就是防火墙。

防火墙是一种由软、硬件构成的系统，用来在两个网络之间实施存取控制策略。需要注意的是，这里所说的存取控制策略是由使用防火墙的单位制定的，这种策略也最适合本单位的需要。防火墙的功能有两个：一个是阻止，另一个是允许。阻止就是阻止某种类型的通信通过防火墙（从外部网络到内部网络，或者相反）；允许的功能与阻止恰好相反。但大多数防火墙的主要功能是阻止。

绝对地阻止是很难做到的，简单地购买一个商用防火墙往往不能得到所需要的保护。不过，正确使用防火墙可以将风险降低到一个可以接受的水平。

第五章 网络管理原理及技术

第一节 网络管理原理及技术概论

网络管理系统的重要任务是收集网络中各种设备和设施的工作参数、工作状态信息，显示给管理操作人员，由管理操作人员对它们进行处理，根据管理操作人员的指令或对上述数据的处理结果向网络中的设备、设施发出控制指令（改变工作状态或工作参数），监视指令的执行结果，保证网络设备、设施按照网络管理系统的要求进行工作。

一、网络管理的目标和内容

最初的网络管理往往指实时网络监控，以便在不利的条件下（如过载、故障时），网络仍能处于最佳或接近最佳的运行状态。简单来说，网络管理的目的就是提高通信网络的运行效率和可靠性。换言之，网络管理就是对网络资源（不论是硬件还是软件）进行合理分配和控制，以满足业务提供者的要求和网络用户的需要，使网络资源可以得到最有效的利用，并能使网络提供连续、可靠和稳定的服务。通信网管理的最终目标是在合理的成本下以最佳容量为信息系统的用户提供足够的高质量服务。现代网络管理的内容通常可以用运行、控制、维护和提供来概括。

运行：针对向用户提供的服务、面向网络整体进行的管理，如用户流量管理、对用户的计费等。

控制：针对向用户提供有效的服务、为满足服务质量要求而进行的管理活动，如对整个网络的管理和网络流量的管理。

维护：针对保障网络及其设备的正常、可靠、连续运行而进行的管理活动，如故障的检测、定位、恢复和对设备单元的测试。维护又分预防性维护和修正性维护。

提供：针对电信资源的服务准备而进行的管理活动，如安装软件、配置参数等。为实现某个服务而提供资源、向用户提供某个服务等都属于这个范畴。网络管理目标的实现需要网络管理各个方面的支持。随着网络规模和复杂性的增大，使得人们不可能在没有有效工具的情况下实现上述目标。因此，网络管理技术的进步与发展正是对有效工具要求的反映。

二、网络管理的服务层次

网络管理的服务是指网络管理系统为管理人员提供的管理功能支持，服务层次即是从管理系统的使用者角度对操作、组织、维护和提供等管理活动的划分。管理服务层次体现了管理需求，各个管理功能是分布在多个管理层次上的。

网络管理通常可以分为以下四个层次：

（一）网元管理层

网元管理层提供的管理功能服务实现了对一个或多个网元的操作，如对交换机、传输设备等的远程操作及对设备的软件、硬件管理。该层的管理功能通常就是对网络设备的远程操作维护功能。

（二）网络管理层

网络管理层提供的管理功能服务实现了对网络的操作控制，主要考虑网络中各设备之间的关系、网络的性能、网络的调整和控制、涉及整个网络的事件和日志，如对传输和交换的综合操作控制、网络话务的监视与控制和不同网元告警的综合分析等。一般情况下，网络组织和运行管理人员使用该层功能服务。

（三）服务管理层

服务管理层提供的管理功能服务主要监视和操作控制网络所提供的服务，以及管理网络服务的质量和相互关系，如智能网业务、专线租用业务等的管理。一般情况下，运行管理部门使用该层功能服务。

（四）商务管理层

商务管理层提供的服务为网络运行的决策管理提供了支持，如网络运行总体目标的确定、网络运行质量的分析报告、网络运行的财务预算和报告、网络运行的生产性计划和预测等。

三、网络管理的功能

各种网络管理的标准和框架都将网络管理的主要功能划分成五类，这五大功能分别执行不同的网络管理任务。需要注意的是，这五大功能只是网络管理系统的最基本功能，这些功能的实现都需要管理系统与被管理系统或被管理设备交换管理信息，因此也需要标准化。而不在五大功能范围内的其他管理功能，如网络规划、网络操作人员的管理等都是"本地"的，可以不标准化。

网络管理的五大功能是故障管理、配置管理、性能管理、计费管理、安全管理。每个功能都给出了一系列功能定义、与每个功能相关的一系列过程的定义、支持这些过程的服务、所需要的下层服务支持、管理操作的作用对象。

四、网络管理的组织模型

在一个网络的运行管理中，网络管理人员通过网络管理系统对整个网络进行管理，包括查阅网络中各个设备或设施的当前工作状态和工作参数、对设备或设施的工作状态进行控制（如启动、关闭）、对工作参数进行修改等。网络管理系统通过特定的传输线路和控制协议对远程的各个网络设备或设施进行具体的操作。其中，设备或设施中设置有记录工作参数的变量（参数值），管理系统可以不记录这些参数，而在需要时对这些设备或设施进行查询。网络管理系统中还需要有反映设备工作状态的参数，但这些参数不是每个设备或设施内部都能够记录的，比如一个交换机是处于正常工作状态还是出现故障（掉电等）就需要在设备外部进行记录。所以，网络管理系统中还必须存放与设备状态一样的参数。为了实现上述目标，出现了各种普遍、通用、标准的网络管理系统的组织模型。一个网络管理系统从逻辑上可认为由四个要素组成：管理进程、管理协议、管理代理、管理信息库。

管理信息库是管理对象管理信息库的概念集合。管理对象是经过抽象的网络元素，对应于网络中具体可以操作的数据或数据加方法（面向对象概念中的对象），如记录设备或设施工作状态的状态变量、设备内部的工作参数、设备内部用来表示性能的统计参数等。有些管理对象，外部可以对其进行控制，如一些工作状态和工作参数；有些管理对象，只能读取，不可修改，如计数器类参数；还有一些管理对象，是为了管理系统而设置的，为管理系统本身服务。管理代理操作一个实例，其中的管理对象实例就是具有特定含义并预先定义的本地数据。管理代理的实例可以被管理进程读、写。管理代理相对被动，将从管理进程来的操作请求进行转换，证实该操作是允许的，并且可能实现，然后执行该操作，最后发出合适的响应。管理代理最重要的功能之一就是将来自管理进程的格式化请求转换成对本地数据结构的等效操作。这个功能是由管理代理的操作支持程序完成的，它将操作命令映射为本地操作，这种映射在各个管理代理上的实现并不相同。

第二节 OSI 网络管理框架

OSI 网络管理框架是 ISO 于 1979 年开始制定的，也是国际上最早制定的网络管理标准。在 ISO 制定的 OSI 网络管理标准中，管理协议是通用管理信息协议，所提供的管理服务是通用管理信息服务。由于种种原因，通用管理信息协议的应用部署远没有 1988 年开始制定的简单网络管理协议那样成功，但它是大多数通信服务提供商和政府机构主要采纳和参考的网络管理框架。

一、OSI 管理体系结构

传统的网络管理是本地性和物理性的，即复用设备、交换机、路由器等资源要通过物理作业进行本地管理。技术人员在现场连接仪器、操作按钮、监视和改变网络资源的状态。在新的管理框架中，将网络资源的状态和活动用数据加以定义后，远程监控系统中需要的功能就可以成为一组简单的数据库操作功能（即建立、提取、更新、删除功能）。远程监控管理框架已经成为处理网络不断增加的复杂性的主要工具。在基于远程监控的管理框架下，OSI 管理体系结构作为建立网络管理系统的基本指南。

系统管理体系结构的核心是一对相互通信的系统管理实体。它采取一种独特的方式使两个管理进程相互作用，即管理进程与一个远程系统相互作用，以实现对远程资源的控制。在这种简单的体系结构中，一个系统中的管理进程担当管理者角色，而另一个系统中的对等实体（进程）担当代理者角色，代理者负责提供对被管资源的信息访问。前者被称为管理系统，后者被称为被管系统。

在 OSI 系统管理模型中，对网络资源的信息描述也是非常重要的。在系统管理层面上，物理资源只被作为信息源来对待，在通过通信接口交换信息时，必须对所交换的信息有相同的理解。因此，提供公共信息模型是实现系统管理模型的关键。公共信息模型采用面向对象技术，提出了被管对象的概念，以描述被管资源。被管对象对外提供一个管理接口，通过这个接口，可以对被管对象执行操作，或将被管对象内部发生的随机事件用通报的形式向外发出。在系统管理体系结构中，管理者角色与代理者角色不是固定的，而是由每次通信的过程决定的。担当管理者角色的进程向担当代理者角色的进程发出操作请求，担当代理者角色的进程对被管对象进行操作并将被管对象发送的通报传向管理者，即管理者和代理者之间的信道支持两类数据传送服务：管理操作（由管理者发向代理者）和通报（由代理者发向管理者）。因此，两个管理应用实体（进程）间角色的划分完全依赖于传送的管理数据类别和传送方向。系统管理体系结构还确定了管理者和代理者建立联系后可以交换的两类信息：第一类用于建立管理环境，标识实体在联系期间是只能以一种角色（管理者或者代理者）操作，还是可以以两种角色操作；第二类标识系统管理功能单元，用来指出与数据交换有关的功能，限定两个实体间数据交换的范围。

代理者除提供被管对象接口与开放式通信接口之间的映射外，还提供管理支持服务，特别是为了操作的同步和控制对被管对象的访问。它支持对系统中的被管对象组的寻址，还能选择性地过滤要执行的操作或者控制通报所产生的数据流。代理者提供的这些支持特性能得到管理，这种管理能力通过对被管对象的操作来实现。1991 年，ISO 批准了两个支持功能作为国际标准，即事件报告功能和日志控制功能。随后，访问控制和时间表功能也被标准化。

二、公共管理信息协议

要实现对远程管理信息的访问，需要有通信协议，这种协议被称为管理信息通信协议。对此，OSI 提出了公共管理信息协议。在通用管理信息协议中，应用层中与系统管理应用有关的实体被称为系统管理应用实体。

（一）公共管理信息服务

OSI 管理信息采用连接型协议传送，管理者和代理者是一对对等实体，通过调用 CMISE 来交换管理信息。CMISE 提供的服务访问点支持管理者和代理者之间的联系。CMISE 利用 ACSE 和 ROSE 来实现管理信息服务。

CMISE 提供的公共管理信息服务完成了管理者与代理者之间的通信，这是实现所有管理功能的前提。通过 CMISE 可以完成获取数据、设置和复位数据、增加数据、减少数据在对象上进行动作、建立对象和删除对象等操作。通过 CMISE 还可以传送事件通报。

CMISE 为管理者和代理者提供的服务有以下七种：

（1）向对等实体报告发生或发现的有关被管对象的事件；

（2）通过对等实体提取被管对象的信息；

（3）通知对等实体取消前面发出的请求；

（4）通过对等实体修改被管对象的属性值；

（5）通过对等实体对被管对象执行指定的操作；

（6）通过对等实体创建新的被管对象实例；

（7）通过对等实体删除被管对象的实例。

为了建立、释放和中止实体之间的联系，CMISE 还提供了直接调用 ACSE 的服务：与对等实体建立联系，调用者既可以是管理者，也可以是代理者；释放与对等实体的联系；中途撤销与对等实体的联系。

（二）公共管理信息协议

OSI 通信协议分两部分定义：一部分是对上层用户提供的服务；另一部分是对等实体之间的信息传输协议。在管理通信协议中，CMIS（Content Management Interoperability Services，内容管理互操作性服务标准协议）是向上提供的服务；CMIP（Common Management Information Protocol，通用管理信息协议）是 CMIS 实体之间的信息传输协议。在 CMIS 的元素和协议数据单元之间存在一个简单的关系，即用电源分配单元传送服务请求，并请求地点和它们的响应。CMIP 所有功能的实现都需要映射到应用层的其他协议上。管理联系的建立、释放和撤销通过联系控制协议实现。操作和事件报告通过远程操作协议实现。上述关系使得系统管理可以由不同的协议体系支持，它们的主要差别在于网络层及其下层属于不同的协议族。

（三）公共管理信息协议的安全性

一次操作可以分为建立联系、传送数据和撤销联系三个过程。要保证 CMIP 安全操作，就要在上述三个过程中实现必要的安全服务，即由 ACSE 在建立联系时实现鉴别服务（包括对用户鉴别和实体鉴别）、ROSE 在传送过程中保护所传送的数据。CMIP 协议的所有功能都要映射到应用层的 ACSE 协议和 ROSE 协议上实现。ACSE 协议负责管理联系的建立、释放和撤销，而 ROSE 协议负责传送应用实体的操作和事件通知。因此，CMIP 协议的安全由 ACSE 和 ROSE 两个实体保证，先由 ACSE 实现用户的鉴别和访问控制，再对 ROSE 电源分配单元进行加密，以保密操作报文的内容。

第三节 新型网络管理模型

目前，主流网络管理模型有两种，即基于 OSI 的 CMIP 模型和基于 TCP/IP 的 SNMP（Simple Network Management Protocol，简单网络管理协议）模型。基于这两种模型所建立的网络管理系统通常采用集中式管理，即"管理者—代理者"一对多的集中式管理。在 SNMP 中，管理者利用时间驱动机制对被管对象进行管理。管理者负责发布管理信息和获取信息，对获取的信息进行分析和判断，根据分析和判断的结果发布控制命令（设置管理信息的命令）。这种模式容易造成管理者负担过重的问题。由于大量的管理信息要在网络上传递，这不仅增加了网络的负荷，还限制了网络管理的实时性，因为管理信息的上下传递需要时间。在这种背景下，一些新的网络管理模型被提出来，如基于 Web 的网络管理、基于公共对象请求代理体系结构的网络管理、基于移动代理的网络管理、基于主动网概念的网络管理等。这些新型网络管理模型的主要特点就是分布式和实时性。

一、基于 CORBA 的网络管理

开放式系统的发展使用户能够透明地应用由不同厂商制造的不同机型所组成的异构型计算资源，因此分布式处理和应用集成就成了人们的共同要求。简单地讲，分布式处理和应用集成就是指在异构的、网络的、物理性能差别很大的、由不同厂商制造的、不同语言的信息资源的基础上构建信息共享的分布式系统，并且能够有效地进行应用系统和分布式处理的集成。分布式处理的关键在于定义可管理的软件构件，即面向对象技术中的"对象"。应用集成的关键在于为跨平台、跨机种、跨编程语言的产品提供了统一的应用接口。对象管理组织针对当今信息产业的要求，公布了 CORBA 标准，这是一个具有互操作性和可移植性的分布式面向对象的应用标准。

（一）CORBA 的基本概念

公共对象请求代理体系结构，是 OMG 为解决分布式处理环境下硬件和软件系统的互联互通而提出的一种解决方案。CORBA 的核心是对象请求代理。在分布式处理中，它接收客户发出的处理请求，并为客户在分布环境中找到实施对象，在实施对象接收请求后，向实施对象传送请求的数据，通过实施对象的实现方法进行处理，并将处理结果返回给客户。通过 ORB，客户不再需要知道实施对象的位置、编程语言、远程主机的操作系统等信息，即可实现对实施对象的处理。

接口定义语言是实现与现存的协议和系统互通的通用语言。IDL 定义的接口不依赖任何编程语言，它为传递的传输结果提供了一套完整的数据类型，并允许用户定义自己需要的新类型。CORBA 支持各种各样的数据对象，如服务器、库函数、方法实现程序、数据库等。不同的数据对象包含不同的操作和参数，因而具有不同的接口。IDL 根据对象接口的不同来定义不同的对象类。通过 IDL 的描述，一个实施对象可以让客户进行什么操作，以及如何驱动得到了确定。由于 CORBA 支持各种各样的实施对象，每个实施对象有不同的对象语义，即不同的实例数据和操作数的代码。OA 是对象适配器，作用是使实施对象的实施与 ORB 和客户的驱动无关。客户仅需要知道实施对象的逻辑结构和外在的行为。DLL 是动态驱动接口，客户可以通过它向 ORB 发送请求。

（二）基于 CORBA 的网络管理

CORBA 提供了统一的资源命名、事件处理和服务交换等机制。虽然它的初衷是针对分布式对象计算，并非针对网络管理，但是在很多方面它都适合于管理本地及广域网络。因此，基于 CORBA 进行网络管理是一种可行的和先进的网络管理模型。它完全符合现代网络管理远程监控、逻辑管理的基本框架，具有面向对象的技术特征。除此之外，这种模型还具有以下优点：

第一，可以实现高度的分布式处理。

第二，不依赖被管对象的实现、主机操作系统和编程语言的通用管理操作接口。

第三，提供的功能比 SNMP 强大，比 CMIP 简单。

第四，支持 C++、Java 等多种被广泛应用的编程语言，易于被开发人员接受。

在小型的客户/服务器模式的应用系统中使用 CORBA，能给系统提供可靠的、标准的底层结构。可以使用 CORBA 构建、运行在不同平台上的、用不同编程语言实现的客户端及服务器端的应用程序。利用 CORBA 进行网络管理，既可以用 CORBA 实现管理系统，也可以利用 CORBA 定义被管对象，还可以单独利用 CORBA 实现一个完整的网络管理系统。但是为了发挥现有网络管理模型在管理信息定义及管理信息通信协议方面的优势，一般会利用 CORBA 实现管理系统，使其获得分布式和编程简单的特性，而被管系统仍采用现有的模型。因此，目前讨论基于 CORBA 的网络管理，主要目的是解决如何利用 CORBA 实现管理应用程序，以及如何访问被管资源，而不是如何利用 CORBA 描述被管资源。目前的热点是研究 SNMP/CORBA 网关和 CMIP/CORBA 网关，以支持 CORBA 客户对 SNMP 或 CMIP 的被管对象进行的管理操作。

（三）基于 SNMP/CORBA 网关的模型

在基于 SNMP/CORBA 网关模型中，CORBA 的客户是网络管理者，客户对被管对象的描述是 IDL 的形式，按 SNMP 语法返回给客户的操作结果被转换为 CORBAIDL 的形式。代管通过 SNMP 交换管理信息，因此在 CORBA 管理者与 SNMP 代管之间的信息交换必须通过一个 SNMP/CORBA 网关，由它对管理信息的交换进行翻译。CORBA 管理者接收并处理 SNMP 的管理信息与 TraP 通报，通过 IDL 实现对 MIB 的访问。为了使 SNMP/CORBA 网关支持一个现有的 MIB，管理者必须装载一个可以访问该 MIB 的 CORBA 服务程序。管理者需要使用一个翻译器将 SNMP 的 MIB 描述翻译成 IDL 形式，并提供给 CORBA 客户程序。使用 SNMP/CORBA 网关的最大优势在于，用户可以不熟悉 SNMP 协议。

（四）基于 CMIP/CORBA 网关的模型

基于 CMIP/CORBA 网关的模型与基于 SNMP/CORBA 网关的模型有相似的结构。CMIP/CORBA 网关实现了 CORBA 的"客户—服务器"过程，使得基于 CORBA 的管理应用程序可以访问 CMIP 被管对象，并可以接收被管对象发出的事件通报。CMIP/CORBA 网关允许动态地更新字典信息，从而包括新的对象类和 CMIP 代理者。这是通过把字典信息作为本地 MIB 来实现的。这些信息可以通过 Q3 接口、CORBA 接口或本地网关的管理接口来访问。CMIP/CORBA 网关还表明性能与 CMIP 代管的数量和大小无关。CMIP/CORBA 提供了一个 CMIP/CMIS 与 CORBA 之间的桥梁，使得基于 CORBA 的管理应用程序可以访问 CMIP 代管。它提供了标准的管理 API，用于通过 CMIP 代管实现对被管对象的管理。

二、基于 Web 协议的网络管理

（一）WBM 的主要优点

1.地理上和系统上的可移动性

在传统的网络管理系统上，若管理员要查看网络设备的信息，就必须在网管中心进行操作。而 WBM 可以使管理员仅使用一个 Web 浏览器，即可在内部网络的任何一工作站上进行操作。对于网络管理系统的提供者来说，他们在一个平台上实现的管理系统可以在任何一台装有 Web 浏览器的工作站上访问，工作站的硬件系统可以是工作站，也可以是个人计算机，操作系统的类型也不受限制。

2.统一的管理程序界面

管理员不必像过去那样学习运用不同厂商的操作界面,而是通过简单且通用的 Web 浏览器进行操作,完成管理任务。

3.平台的独立性

WBM 的应用程序可以在不同的环境下使用,包括不同的操作系统、体系结构和网络协议,无须进行系统移植。

4.互操作性

管理员可以通过浏览器在不同的管理系统之间自由切换,比如在厂商 A 开发的网络性能管理系统和厂商 B 开发的网络故障管理系统之间自由切换,使得两个系统能够平滑地相互配合。

(二)WBM 的两种实现方案

1.基于代理的方案

基于代理的 WBM 方案是在网络管理平台之上叠加一个 Web 服务器,使其成为浏览器用户的网络管理的代理者。其中,网络管理平台通过 SNMP 或 CMIP 与被管设备通信,收集、过滤、处理各种管理信息,维护网络管理平台数据库。WBM 应用通过网络管理平台提供的 A 网接口获取网络管理信息,维护 WBM 专用数据库。管理人员通过浏览器向 Web 服务器发送 HTTP 请求,以实现对网络的监视、调整和控制。Web 服务器通过 CGI 调用相应的 WBM 应用,WBM 应用把管理信息转换为 XML 形式返还给 Web 服务器,由 Web 服务器响应浏览器的 HTTP 请求。

2.嵌入式方案

嵌入式 WBM 方案将 Web 能力嵌入到被管设备之中,每个设备都有自己的 Web 地址,使得管理人员可以通过浏览器和 HTTP 直接访问和管理。嵌入式方案给各个被管设备带来了图形化的管理,提供了简单的管理接口。网络管理系统完全采用 Web 技术,如通信协议采用 HTTP;管理信息库利用 HTML 描述;网络的拓扑算法采用高效的 Web 搜索、查询点索引技术;网络管理层次和域的组织采用灵活的虚拟形式,不再受限于地理位置等因素。

WBM 的安全问题非常重要。一个 Internet 通常需要用防火墙隔离,以防止外部用户对内部资源的非法访问。由于 WBM 控制着网络中的关键资源,因此不能容许非法用户对它访问。但这一点可以通过 Web 设备的访问控制能力得到保证，管理人员可以设置 Web 服务器用户必须通过 Password 登录。网络管理人员对操作数据是非常敏感的，如果在浏览器到服务器之间的传输过程中被监听或篡改，会造成严重的安全问题。因此，这些数据在传输过程中需要加密。这个需求利用现有的技术是可以满足的，因为电子商务同样需要数据安全传输，这种技术已经得到了大力开发，并取得了成功。

第六章 计算机网络管理

第一节 计算机网络管理的产生与功能

一、 计算机网络管理的产生

计算机网络管理是伴随着世上第一个计算机网络——阿帕网的产生而产生的。当时的阿帕网及随后的一些网络结构都有相应的管理系统，但是网络管理一直没有得到相应的重视。这是因为当时的网络规模较小，复杂程度不高，一个简单的专用网络管理系统就可以满足网络的正常工作需要。随着网络的发展，网络的规模增大，复杂性增加，原有的网络管理技术已不再适用，特别是以往的厂商在自己的网络系统中开发的专用系统，很难对其他厂商的网络系统、通信设备等进行管理。这种状况很难适应网络异构互联的发展趋势。

20 世纪 80 年代初期，因特网的出现和发展更使人们意识到了这一点。研究开发者迅速开展了对网络管理的研究，并提出了多种网络管理方案。1987 年年底，因特网体系结构委员会（Internet Architecture Board， IAB）研究出了适合 TCP/IP 和因特网的网络管理方案。在 1988 年 3 月的会议上，IAB 制定了因特网的管理发展策略，即采用简单网关监视协议（Simple Gateway Monitoring Protocol，SGMP）作为短期的因特网管理解决方案，并在适当的时候转向 CMIS/CMIP。1990 年，推出了完善的 SNMP；1993 年 4 月，发布了 SNMPV2（SNMP 的第二个版本）。目前，SNMP 已成为网络管理领域中事实上的工业标准，并得到了广泛的支持和应用，多数网络管理系统和平台都基于 SNMP 建立。

二、计算机网络管理面临的挑战

随着计算机网络的广泛应用，由网络引发的社会信息化、经济全球化和企业网络化，正在对人类社会的发展产生深远的影响，这也给网络管理带来了新的问题。

（一）网络规模越来越庞大

现代计算机网络的规模越来越庞大，一个大型的网络可能涵盖成百上千个 LAN、几十万甚至几十亿用户，如因特网。这些网络通常由网络互联设备连接起来，网络故障随时都可能发生，如果某些关键设备发生了故障，就会产生巨大的影响，造成很大的损失。只依靠网络管理人员来管理这种大型的、复杂的网络，几乎是不可能的，可以借助先进的网络管理系统管理这种网络。

（二）网络资源和网络服务越来越丰富

现在，网络的应用越来越广泛。网络服务已从简单的数据传输发展成包括语音、图像、视频、文件传输、信息检索等在内的服务。同时，网络资源也越来越丰富。如何有效地配置和管理这些网络资源和网络服务变得越来越重要，难度也越来越大。

（三）网络监测与维护越来越复杂

现代网络中有各种软件与网络设备——大型机、小型机、工作站、微机、集成器、网桥、路由器、复用器、交换机等。这些设备遵守的标准、使用的技术不尽相同，对其进行故障检测、诊断、维护和管理也就相当困难。

（四）网络安全越来越重要

由于"黑客"、计算机病毒、"信息间谍"等对网络安全的威胁越来越严重，所以网络安全越来越受到人们的关注。防止"黑客"、计算机病毒和"信息间谍"的入侵，确保网络关键设备数据的安全性和完整性，是网络管理的重要目标。

三、计算机网络管理的功能

为了支持各种网络的互联要求，网络管理逐渐趋于国际化、标准化。基于 OSI 的管理标准，网络管理的功能主要包括配置管理、故障管理、性能管理、安全管理、记账管理等。

（一）配置管理

配置管理是一组对由辨别、定义、监视和控制组成的一个通信网络对象所实施的相关配置操作，其目的是实现某个特定功能或使网络性能最优化。

网络包括各种各样的设备，这些设备的用途、参数、状态和配置各不相同。网络配置管理的目标是监视网络的运行环境和状态，改变和调整网络设备的配置，确保网络有效、可靠地运行。网络配置管理的功能包括初始化网络、识别被管网络的拓扑结构、监视网络设备的运行状态和参数、自动修改指定设备的配置、动态维护网络等。

（二）故障管理

故障管理是指当网络中某个组成失效时，网络管理系统必须迅速地找到故障并及时排除故障。分析网络产生故障的原因就是网络故障管理的核心内容。

故障管理通常包括故障检测、故障诊断和故障纠正。故障检测可确定系统发生了什么故障、故障位于何处；故障诊断可找出发生故障的原因、故障纠正的可能性和故障的具体解决办法；故障纠正包括排除故障，提出减少故障、实施补救的方法。

（三）性能管理

网络性能管理是指通过监控网来监测网络吞吐量、响应时间、线路利用率、网络可用性等参数，控制网络的运行状态；通过调整网络性能参数来改善网络的性能，确保网络平稳运行。网络性能管理可估计系统资源的运行状况、通信效率等系统性能，收集、分析被管网络当前状态的数据信息，维护和分析性能日志。

（四）安全管理

网络安全管理的目标是防止用户的网络资源被非法访问，确保网络资源和用户的安全，防止非法窃取信息等。通常情况下，网络安全管理要设置若干权限，制定一些判断非法入侵及检查非法操作的规则等。

网络中主要存在的安全问题包括网络数据的私有性问题（保护网络数据不被非法入侵者获得）、授权问题（用于防止入侵者在网络上发送错误信息）、访问控制问题（可控制对网络资源的访问）。因此，网络安全管理应包括授权机制、访问控制、加密和加密关键字的管理、维护与检查安全日志。

（五）记账管理

对于公用分组交换网与各种网络信息服务系统而言，用户使用网络资源及服务后，必须交费。记账管理根据资费标准来核算用户需支付的费用，目的是监测和控制网络操作的费用和代价，这对一些公共网络尤为重要。记账管理可以估算用户使用网络资源需要付出的费用和代价，以及用户已经使用过的网络资源，从而避免用户占用太多网络资源。记账核算有多种方法，如主叫付费、被叫与主叫按比例分摊付费等。

第二节 计算机网络管理模型与标准

网络管理技术集通信技术、网络技术和信息处理技术于一身，通过协调资源进行配置管理、故障管理、性能管理、安全管理和记账管理，以达到网络可靠、安全和高效运行的目的。

一、 计算机网络管理模型

网络管理是控制、协调、监控网络资源的手段，也是网络管理者与代理之间利用网络实现信息交换，完成网络管理功能的过程。网络管理模型是为更有效地管理网络、提高网络的可靠性而提出来的。网络管理模型由管理者和代理等组成，它们一般处于网络的不同节点，需要可靠地交换管理信息。管理者从各代理处收集管理信息，对信息进行加工处理后，将具体的操作信息返回给代理，达到对代理进行管理的目的。代理对对象的管理与管理者对代理的管理类似。管理信息交换要遵守统一的通信规程（即网络管理协议）。

网络管理模型还可以从不同的层面衍生出功能模型、体系结构模型、信息模型与组织模型。

（一）功能模型

国际标准化组织在 ISO/-IEC74984 文件中提出了一个 OSI 管理结构，并描述了 OSI 管理应有的行为。它认为，OSI 管理应控制、协调、监视 OSI 环境下的一些资源，确保该环境下的通信比较完善。该文件还定义了网络管理中的五大功能，即故障管理、记账管理、配置管理、性能管理和安全管理。

（二）体系结构模型

体系结构模型描述了实体的一般结构、实体间接口及其通信方法，主要涉及对远程通信网的管理。

（三）信息模型

信息模型主要实现对虚拟资源、软件及物理设备的逻辑表示。现有的网络管理信息模型多采用面向对象方法定义网络管理信息。网络资源以对象的形式被存放在管理信息库（Management Information Base, MIB）的虚拟库中。对象在 MIB 中的存放形式被称作管理信息结构（Structure of Mangement Information, SMI）。目前，两个标准数据模型是 OSI SMI 和 Internet SMI。OSI SMI 采用完全面向对象方法，其被管理对象由与对象有关的属性、操作、事件和行为封装而成，对象之间有继承和包含关系。对于 Internet SMI 来说，网络管理信息是单向的，因此 Internet SMI 对象没有属性概念，对象之间也没有继承和包含的关系，其管理信息的定义更注重简单性和可扩展性。

（四）组织模型

组织模型包括管理者、代理者的概念和管理实体间通信的方法。这种通信模型提供了管理和被管理系统间的协议接口。

二、计算机网络管理标准

为了有效地管理网络协议，容纳不同的网络管理系统，实施不同厂家的网络设备互联，管理大型异构计算机网络，更好地满足用户的需求，网络管理必须标准化。

（一）网络管理标准化组织

1.国际标准化组织

ISO 成立于 1947 年，总部设在日内瓦，是世界上最大的国际标准化机构。ISO 制定的网络管理标准有 CMIS 和 CMIP。

2.国际电信联盟

ITU 成立于 1934 年，其通信标准化部门制定了网络管理标准——电信管理网，涉及面很广，几乎涵盖了目前流行的各种电信网络。

3.电气与电子工程师学会

IEEE 制定了基于 TCP/IP 的公共管理信息服务与协议等。

（二）网络管理层次结构

网络管理层次结构涵盖了网络平台、网络管理协议、网络管理工具、网络管理应用软件、网络管理平台、网络管理员操作界面。其中，网络管理应用软件建立在网络管理工具之上，包括计费系统、防火墙等。网络管理平台是指网络管理软件和应用程序的网络系统。网络管理人员可以通过网络管理平台的管理者与被管系统中的代理交换信息，并开发网络管理应用程序。

（三）公共管理信息服务和公共管理信息协议

OSI 系统管理的基本功能是通过协议在两个实体（管理者和代理）之间进行管理信息的交换，这种功能被称为 CMISE。CMISE 的定义可以分为两部分，即 CMIS 和 CMIP。CMIS 是 ISO 为实现不同厂商、不同机种的网络之间的互通而创建的开放性系统互联网络管理的接口。CMIP 是以 OSI 七层协议为基础的特殊协议，可实现多厂商网络管理系统的集成，它采用管理者/代理模型，是 CMISE 之间的通信协议，规定了不同网络管理系统间的信息交换的方式和规则。

（四）简单网络管理协议

由于历史和现实的原因，ISO 的网络管理标准 CMIS/CMIP 始终没有得到社会的广泛支持和应用，目前符合 ISO 网络管理标准的产品几乎没有，而广泛应用于 TCP/IP 的 SNMP 却得到了众多网络厂商的青睐。

SNMP 是个异常的请求/响应协议，即 SNMP 实体发出请求后不需要等待响应的到来，请求或响应的丢失由发送方负责解决。

1.SNMP 模型

SNMP 源于 1988 年。1993 年，SNMP 的第二个版本，即 SNMPV2 出现了，该版本受到各网络厂商的广泛欢迎，并成为事实上的网络管理工业标准。目前，IEEE 正在研究和制定 SNMP 的第三代标准——公共管理信息服务与协议，公共管理信息服务与协议实际上是 OSI CMIP 的 TCP/IP 版，也称 SNMPV3。

SNMP 主要用于 OSI 七层模型中较低层次的管理，采用的是轮询监控方式。管理者按一定的时间间隔向代理请求管理信息，根据管理信息判断是否有异常事件发生。SNMP 的基本功能包括网络性能监控、网络差错检测分析和网络配置，当管理对象发生了紧急情况时，可使用被称为 Trap 信息的报文主动报告。轮询监控的主要优点是对代理资源的要求不高。SNMP 的优点是简单、易于实现；缺点是管理通信开销大。

2.SNMP 体系结构的主要目标

该体系结构的主要目标有以下几个：

（1）最大限度地保持远程管理功能，以便充分利用 TCP/IP 网络的资源。

（2）对代理资源的要求尽可能少，使代理软件成本尽可能低。

（3）体系结构具有良好的扩展性，能适应未来的发展和需要。

（4）保持独立性，不依赖某个厂商的设备和技术。

第三节 计算机网络管理系统

一、计算机网络管理系统的特征与要则

（一）网络管理系统的特征

就职能而言，网络管理系统有以下特征：

1.界面友好与多厂商集成

网络管理系统应使用方便、界面友好，为用户提供帮助，允许用户设置环境，管理不同厂商的网络设备，允许第三方软件在其上运行。

2.具备灵活性，易控制

网络管理系统应允许用户增减网络管理系统的功能，允许网络管理人员设置用户的访问权限。

3.自动发现网络拓扑结构和配置

网络管理系统应能自动发现网络中的节点和配置。网管人员可配置轮询时间，设置网络节点和网络设备，修改网络参数等。

4.报警、监控与记录故障

网络管理系统应能提供灵活多样的报警方式，具备较强的系统监控能力，能自动判断所用设备、MIS 变量，按优先级调整监控等级，根据故障情况调整处理措施，提供可靠的故障记录，定期生成运行报告，以便于分析、跟踪、诊断和处理故障。

5.提供编程接口和开发工具

网络管理系统应提供应用程序接口和高效的开发工具，以便于用户开发、扩展系统功能。

（二）网络管理系统选用要则

为了有效地管理网络中的交换机、集线器、路由器、服务器、复用器等网络设备和资源，保证网络持续、高效、可靠、稳定地运行，必须配置功能齐全的网络管理软件。选择网络管理软件时，需考虑以下因素：

（1）具有良好的开发环境，系统界面亲切、友好。

（2）能自动检测、记录、报告、诊断和控制网络故障或错误。

（3）能提供可靠的 API，具有可观的扩展性。

（4）遵从国际标准，具有良好的兼容性，能管理不同厂商的网络设备。

（5）支持第三方应用软件包。

（6）能提供良好的服务，包括培训、文档和系统升级等。

（7）能自动发现、配置网络的拓扑结构和网络设备。

二、计算机网络管理系统的构成

网络管理系统的结构通常可划分为集中式和分布式两大类。集中式网络管理系统的优点是简单、易于实现，但存在不足；分布式网络管理系统由分布在网络中的多个管理者共同实现，颇具层次性，网络中的某些管理者会被高一层的某个管理者所管理。

通常情况下，网络管理系统由以下四部分构成：

（一）多个被管代理

被管代理一般有多个位于网络中的被管设备（也叫网络元素）。它可以是一些网络节点，如可访问的服务器、工作站、交换机、路由器、计算机、打印机和网络等。

（二）至少一个网络管理者

网络管理者是实施网络管理的实体，驻留在管理工作站上。它是整个网络管理系统的核心，负责完成复杂网络管理的各项功能，如排除故障、配置网络等，一般位于网络中的一个主机节点上。

（三）一种通用的网络管理协议

网络管理系统应配置可以适应不同网络设备、操作系统与网络管理软件的通用的网络管理协议。

（四）一个或多个管理信息库

管理信息库中有设备的配置信息、数据通信的统计信息、安全性信息和设备特有的信息，这些信息被动态地送往管理器，形成网络管理系统的数据来源。

网络管理者和被管代理通过交换管理信息来获取网络信息。网络管理者定期轮询各个被管代理，被管代理监听和响应来自网络管理者的网络管理命令。这种信息交换通过一种网络管理协议来实现。任一网络管理域至少应有一个网络管理工作站，驻留在网络管理工作站上的网络管理者负责网络管理的全部监视和控制工作。

三、网络管理系统的实施

网络管理系统的实施主要涉及以下几个方面：

（一）网络管理员

网络管理员是网络管理系统的关键所在，是顺利进行网络管理的决定性因素，也是实施环节的中坚力量。对于大型网络来说，人们要选派技术能力强的网络管理人员来专职管理网络。网络管理员除实施网络管理外，还要负责培训用户等工作。

（二）实施网络管理

实施网络管理需要把握以下关键环节：
（1）选择高素质的网络管理人员并明确责任。
（2）制定严格的网络管理规章制度和操作程序。
（3）选择合适的网络管理系统。
（4）建立、完善各类文档，并抓好培训工作。
（5）制定切实可行的网络管理计划和实施方案。

（三）布线系统的日常维护

做好布线系统的日常维护工作，确保底层网络连接完好，是保证计算机网络正常、高效运行的基础。网络布线系统的日常维护包括对 UTP（或 STP）综合布线系统的维护和管理，以及对室外光纤通道、微波与卫星通道的日常维护和可靠性管理等。布线系统的测试和维护通常会用到双绞线测试仪、规程分析仪和信道测试仪等。智能化分析仪器的使用提高了布线的管理水平和管理效率，可以更好地保证计算机网络的正常运行。

（四）关键设备的管理

在计算机网络中，人们要重视对关键设备的管理，因为它们的任何故障都有可能造成网络瘫痪，给系统带来无法弥补的损失。在一个计算机网络中，关键设备一般包括网络的主干交换机、中心路由器、关键服务器。对这些关键设备进行管理，除了要通过网管软件实时监测其工作状态，还要做好它们的备份工作。现今，诸多厂商都推出了关键服务器备份解决方案，保证备份服务器和主服务器同步运作，从而保证关键数据库的数据具有一致性和可靠性。如果将来主服务器出现故障，备份服务器能及时替代主服务器工作。目前，在规模较大的网络中，主干交换机的使用日渐增多，网络管理员在日常管理中要加强对主干交换机的性能和工作状态的监测，以保证网络主干交换机能够正常工作。

（五）IP 地址管理

在广泛使用 TCP/IP 协议的今天，网络上的任何一台工作站都需要有一个合法的 IP 地址，这样才能正常工作。合理管理 IP 地址是计算机网络保持高效运行的关键。如果 IP 地址的设置、管理手段不完善，就容易出现 IP 地址冲突，合法的 IP 地址用户不能正常享用网络资源等现象，这不仅会影响网络正常业务的开展，还会损坏某些关键数据。各类服务器和经常上网的主机等网络设备，一般会被赋予一个固定的 IP 地址；而那些不经常上网或移动性比较强的计算机，可以采用动态主机配置协议来动态配置 IP 地址，以节约 IP 地址资源，便于网络管理者对这些计算机进行管理。

（六）其他网管事务

对应不同的网络环境，网络管理者要做的工作还有很多。随着企业内部网和因特网的相互联通，网络管理者除了要维护各种业务数据的可靠性，还要保证机密数据的安全性。因此，计算机网络的安全管理（如防火墙的设置）在网络管理中非常重要。

四、SNMP 网络管理平台

具有管理者作用的网络管理平台是一个相对复杂的系统。目前，支持 SNMP 标准的网络管理平台有很多，主要包括被管代理、网络管理者、通用网络管理协议和管理信息库。支持 SNMP 标准的网络管理平台主要分为基于管理者的网络开发平台和基于管理代理的网络管理工具。

下面列举几个 SNMP 网络管理平台实例。

（一）基于管理者的网络开发平台

1.TME10

TME10 系统管理工具软件是近几年国内外较为流行的集成系统管理工具软件，其特点是专注于客户/服务器模式的系统管理，采用面向对象的系统分析、设计和实现技术，在系统管理框架下提供具有可用性、安全性、部署性、可操作性和可控制性的管理，实现了集成的系统管理。

2.Open View

惠普公司的 Open View 是应用最广泛的网络管理平台。Open View 既可用于开发 SNMP 网络管理系统，又可用于开发 TMN 网络管理系统，具有数据分析、自动发现网络拓扑结构图、进行性能分析、多厂商支持和故障告警等功能。

（二）基于管理代理的网络管理工具

Cisco Works 是一个基于 SNMP 的网络管理应用系统，它能集成几种流行的网络管理平台。Cisco Works 建立在工业标准平台上，既能监控设备状态，又能维护配置信息、查找故障。

Cisco Works 可以提供以下功能：

（1）自动安装与配置管理。

（2）附设与 Net View 的接口。

（3）性能监控、实时图形与显示命令。

（4）设备管理、监控与轮询。

第四节 现代计算机网络管理系统的取向

网络越复杂，对网络管理的要求就越高。网络管理势必朝着层次化、集成化和智能化的方向发展。网络发展出现的新趋势，使现代计算机网络管理系统有了新的取向。

一、支持基于多种网络体系的互联

现代网络，尤其是互联网中，往往有多种网络体系并存的情况。这些网络通过 TCP/IP 互联起来，构成广域互联网络。现代网络管理系统支持基于多种网络体系的互联。

二、支持基于多种网络管理体系的结构

现代网络中存在着多种网络管理体系，某些专门网络已有直接的网络管理系统，并且得到了较为广泛的应用，如 IBM 公司的 ONA-M 等。现代网络管理系统必须支持基于多种网络管理体系的结构，以实现对广域互联网的统一管理。

三、支持对多种网络设备的管理

互联网包含不同类型的网络设备和网络服务器，如路由器、交换机、网桥、调制解调器、终端服务器、文件服务器、打印服务器等。由于网络设备类型繁多，功能复杂，且不被某一设备生产厂家所垄断，因此现代网络管理系统必须支持对多种网络设备的管理。

四、具有完善和智能的网络管理功能

现代网络管理系统的功能覆盖了网络的规划、设计和维护的整个过程，除了可以记录、定位、隔离和排除网络故障，还可以对网络性能进行智能监测、统计和调整，对网络的记账和容量进行规划等。

五、支持多种传输介质和通信协议

现代互联网往往使用多种物理传输介质，如同轴电缆、双绞线、光纤等，其介质访问策略也多种多样，如令牌总线、令牌环网等。此外，互联网中往往有多种通信协议并存，如 IPX、IP、ATM 等。因此，现代网络管理系统必须支持多种传输介质和通信协议，这样才能实现对互联网的统一管理。

第七章 计算机网络安全

第一节 计算机网络安全的基本知识

计算机网络就像一把双刃剑。它在实现信息交流与共享、为人们带来便利、丰富社会生活的同时，也对社会的公共利益及个人的合法权益造成了现实危害和威胁。加强对网络信息安全技术和管理的研究，无论对个人，还是对组织和机构，甚至对国家、政府都有着非同寻常的意义。

一、网络安全威胁的发展和分类

"威胁"的意思是用威力逼迫恐吓使人屈服。"网络安全威胁"指事件对信息资源的可靠性、保密性、完整性、有效性、可控性和拒绝否认性可能产生的危害。随着互联网的不断发展，网络安全威胁也呈现出一种新的趋势，最初的网络病毒已经逐渐发展为特洛伊木马、后门程序、流氓软件、间谍软件、广告软件、网络钓鱼、垃圾邮件等形式。目前的网络安全威胁往往是集多种特征于一体的混合型威胁。

（一）网络安全威胁的三个阶段

第一个阶段（1998 年以前）的网络安全威胁主要来源于传统的计算机病毒，其特征是通过媒介复制进行传染，以攻击、破坏个人电脑为目的。

第二个阶段（1998—2005 年）的网络安全威胁主要以蠕虫病毒和黑客攻击为主。蠕虫病毒会通过网络大面积暴发，黑客则会攻击一些服务网站。

第三个阶段（2005 年以来）的网络安全威胁变得多样化，主要通过偷窃资料来控制、利用主机等手段谋取经济利益。

（二）网络安全威胁的分类

从攻击发起者的角度看，网络安全威胁可分为两种：一种是主动型威胁，如网络监听和黑客攻击等，这些威胁都是对方人为地通过网络通信连接进行的；另一种是被动型威胁，一般是指用户通过某种途径访问不当的信息而受到的攻击。

依据攻击手段及破坏方式，网络安全威胁可分为三种：以传统病毒、蠕虫、木马等为代表的计算机病毒；以黑客攻击为代表的网络入侵；以间谍软件、广告软件、网络钓鱼软件为代表的欺骗类威胁。

根据威胁产生的因素，网络安全威胁可分为两大类，即自然因素和人为因素。

根据网络安全威胁的来源，网络安全威胁可分为内部攻击和外部攻击。由于内部人员在信任范围内，熟悉敏感数据的存放位置、存取方法、网络拓扑结构、安全漏洞、防御措施，而且多数机构的安全保护措施都是"防外不防内"，因此绝大多数的蓄意攻击来自内部。

以窃取网络信息为目的的外部攻击一般称为被动攻击，其他外部攻击统称为主动攻击。被动攻击主要破坏信息的保密性，而主动攻击主要破坏信息的完整性和有效性。主动攻击主要来自网络黑客、敌对势力、网络金融犯罪分子等。

目前，网络安全威胁问题越来越严重，并且有了新的变化，其变化主要体现在以下几个方面：

第一，攻击群体由个体转变为有组织的群体。

第二，攻击目标由军事敌对目标转变为民用目标。

第三，攻击目的由个人表现的无目的的攻击转变为有意识、有目的的攻击。

第四，技术手段由个人独自思考转变为有组织的技术交流和培训。

二、网络系统受到的威胁

（一）网络系统本身的脆弱性

1.操作系统的脆弱性

（1）网络操作系统体系结构本身就是不安全的。操作系统程序具有动态连接性。

（2）网络操作系统可以创建进程，这些进程可在远程节点上被创建与激活。

（3）网络操作系统为维护方便而预留的无口令入口是黑客的通道。

2.计算机系统本身的脆弱性

（1）数据的可访问性。数据很容易被拷贝，而且不会留下任何痕迹。

（2）硬件和软件故障。比如，硬盘故障、电源故障、芯片主板故障、操作系统和应用软件故障。

（3）电磁泄漏。网络端口、传输线路和处理机都有可能因屏蔽不严或未屏蔽而造成电磁信息辐射，从而造成信息泄漏。

（4）存在超级用户。如果入侵者得到的是超级用户的口令，那么整个系统将完全受控于入侵者。

3.通信系统与通信协议的脆弱性

（1）网络系统的通信线路面对各种威胁时显得非常脆弱。

（2）TCP/IP、FTP、WWW 等都存在安全漏洞。比如，FTP 的匿名服务会浪费系统资源；电子邮件中潜伏着的电子炸弹、病毒等都会威胁互联网安全；WWW 中使用的通用网关接口程序、Java Applet 程序等都可能成为黑客的工具，黑客可以采用 TCP 预测或远程访问等攻击防火墙。

4.数据库系统的脆弱性

（1）数据库管理系统（Data Base Management System, DBMS）对数据库的管理是建立在分级管理的基础上的。因此，DBMS 存在安全隐患。另外，DBMS 的安全必须与操作系统的安全配套。

（2）黑客通过探访工具可强行登录和越权使用数据库数据。

（3）数据的加密性与 DBMS 的功能可能会发生冲突。

5.存储介质的脆弱性

（1）硬盘中存储着大量的信息，这些存储介质很容易被盗窃或损坏，从而导致信息丢失。

（2）存储介质的剩磁效应。在废弃的存储介质中往往残留着相关信息，这就是存储介质的剩磁效应。

（二）网络系统本身的安全隐患

1.共享式设备带来的安全隐患

用集成器组网，所有数据都将在整个网上广播，入侵者可以利用某台计算机对网络进行监听，以获取网上相应的数据包，然后对其进行解包分析；而使用交换机组网，网上的信息只能在通信双方之间传输，可避免监听事件。

2.网络系统自身的安全漏洞

由于受到某种环境因素和技术条件的限制，网络系统总是存在各种不足和安全漏洞，有些不足和漏洞甚至会造成严重事故。这些漏洞往往会被用户忽视，成为潜在的入侵渠道，对系统安全构成威胁。

3.来自内部的安全隐患

入侵者通过内部计算机可轻易地获得网络的结构，发现其他计算机的安全漏洞，然后进行各种伪装，骗取其他用户的信任，从而对其计算机进行入侵。

4.来自互联网的安全隐患

系统连接互联网后，将面临来自外部的各种入侵尝试。

（三）网络系统的威胁

网络系统的威胁主要有无意威胁、有意威胁、物理威胁、网络威胁、系统漏洞、恶意程序等。

1.无意威胁

无意威胁是指在无预谋的情况下破坏了系统的安全性、可靠性或信息资源的完整性等。无意威胁主要由一些偶然因素引起，如软件和硬件的机能失常，不可避免的人为错误操作，电源故障和自然灾害等。

2.有意威胁

有意威胁实际上就是"人为攻击"。网络本身具有脆弱性，因此某些人或某些组织会想方设法地利用网络系统达到某种目的，如从事工业、商业或军事情报搜集工作的间谍、黑客就对网络系统的安全构成了威胁。攻击的类型主要有窃听、中断、篡改和伪造四种。窃听是指攻击者未经授权就浏览信息，如通过搭线捕获线路上传输的数据，这是对信息保密性的威胁。中断是指攻击者中断正常的信息传输，使接收方收不到信息，使正常的信息变得无用或无法利用，如破坏存储介质，切断通信线路，侵犯文件管理系统等，这是对信息可用性的威胁。篡改是指攻击者未经授权就访问并篡改了信息，如修改文件中的数据，改变程序功能，修改传输的报文内容等，这是对信息完整性的威胁。伪造是指攻击者在系统中加入伪造的内容，如向网络用户发送虚假信息，在文件中插入伪造的记录等，这也是对数据完整性的威胁。

3.物理威胁

物理威胁就是影响物理安全的各种因素，如错误操作损坏硬件设备（属无意威胁），盗窃、破坏网络硬件或环境，搜寻废弃存储介质信息等（属有意威胁）。

4.网络威胁

网络威胁是指网络应用给网络资源带来的新的安全威胁，如网络电子窃听、借助调制解调器入侵、冒名顶替（非法用户）入网等（均属有意威胁）。

5.系统漏洞

系统漏洞也叫陷阱或后门，通常是操作系统开发者有意设置的，以便他们在用户失去对系统的访问权时进入系统；也有部分是无意中造成的。这些安全漏洞为非法入侵者提供了攻击系统的机会。

6.恶意程序

病毒、木马、蠕虫等都是能破坏计算机系统资源的特殊计算机程序（都是有意设置的）。它们具有一定的破坏性，一旦"发作"，轻则影响系统的工作效率，占用系统资源；重则毁坏系统的重要信息，甚至使整个网络系统瘫痪。

三、网络安全的目标和内容

"安全"在字典中的解释是"没有危险；平安"。在计算机网络范畴，"安全"就是为防范计算机网络硬件、软件、数据被无意或蓄意破坏、篡改、窃听、假冒、泄露、非法访问，以及保护网络系统持续有效工作的措施的总和。ISO 将计算机安全定义为"为数据处理系统建立和采取的技术和管理的安全保护，保护计算机硬件、软件、数据不因偶然的或恶意的原因而遭到破坏、更改、显露"。美国国防部国家计算机安全中心将计算机安全定义为"安全的系统会利用一些专门的安全特性来控制对信息的访问，只有经过适当授权的人，或者以这些人的名义进行的进程才可以读、写、创建和删除这些信息"。我国公安部计算机管理监察机构将计算机安全定义为"计算机资产安全，即计算机系统资源不受自然和人为有害因素的威胁和危害"。

（一）网络安全的目标

网络安全的最终目标就是通过各种技术与管理手段实现网络信息系统的可靠性、保密性、完整性、有效性、可控性和拒绝否认性。可靠性是所有信息系统正常运行的基本前提，通常指信息系统能够在规定的条件与时间内完成规定功能的特性。可控性是指信息系统具有控制信息内容和传输的能力的特性。拒绝否认性也被称为不可抵赖性或不可否认性，指通信双方不能否认已完成的操作和承诺，利用数字签名能够防止通信双方否认曾经发送和接收信息的事实。在多数情况下，网络安全更侧重强调网络信息的保密性、完整性和有效性。

1.保密性

保密性是指信息系统防止信息非法泄露的特性。保密性主要通过信息加密、身份认证、访问控制、安全通信协议等技术实现。其中，信息加密是防止信息非法泄露的最基本的手段。

2.完整性

完整性是指信息系统未经授权不能改变的特性。完整性与保密性的侧重点不同。保密性强调信息不能非法泄露，而完整性强调信息在存储和传输过程中不能被偶然或蓄意修改、删除、伪造、添加、破坏，信息在存储和传输过程中必须保持原样。信息完整性表明了信息的可靠性、正确性、有效性和一致性，只有完整的信息才是可信任的信息。

3.有效性

有效性是指信息资源容许授权用户按需访问的特性，是信息系统面向用户服务的安全特性。信息系统只有持续有效，授权用户才能随时随地地根据自己的需要访问信息系统。

（二）计算机网络安全的内容

1.网络实体的安全性

网络实体的安全性，即网络设备和在设备上运行的网络软件的安全性，也就是说，网络设备能够正常提供网络服务。网络实体的安全性主要包括网络机房和环境安全、自然与人为灾害的防护、静电和电磁辐射的防护、存储介质的保护、软件和数据文件的保护、网络系统安全的日常管理等方面。

2.网络系统的安全性

网络系统的安全性，即网络存储的安全性和网络传输的安全性。存储的安全性是指信息在网络节点上静态存放下的安全性；传输的安全性是指信息在动态传输过程中的安全性。

四、网络安全策略

网络安全策略是保障网络安全的指导文件。一般而言，网络安全策略包括总体安全策略和具体安全管理实施细则。总体安全策略用于构建网络安全框架和战略指导方针，包括分析安全需求、分析安全威胁、定义安全目标、确定安全措施的保护范围、分配部门责任、配备人力物力、确认违反策略的行为和相应的制裁措施等。总体安全策略只是一个安全指导思想，在总体安全策略框架下针对特定应用制定的安全管理细则才规定了具体的实施方法和内容。

（一）网络安全策略的总则

1.均衡性原则

网络安全策略需要在安全需求、易用性、效能和安全成本之间保持相对平衡，科学地制定均衡的网络安全策略是提高投资回报和充分发挥网络效能的关键。

2.时效性原则

影响网络安全的因素会随着时间而变化，因此网络安全问题具有显著的时效性。

3.最小化原则

网络系统提供的服务越多，安全漏洞和威胁也就越多。因此，人们应当关闭网络安全策略中没有规定的网络服务，以最低限度原则配置满足安全策略定义的用户权限，及时删除无用账号和主机信任关系，将威胁网络安全的风险降至最低。

（二）安全策略的内容

1.物理安全策略

物理安全策略的目的是保护路由器、交换机、工作站、各种网络服务器等硬件实体免受自然和人为因素的破坏，确保网络设备有一个良好的电磁兼容工作环境。物理安全策略建立了完备的机房安全管理制度，妥善保管备份磁带和文档资料，防止非法人员进入机房进行偷窃和破坏活动等。

2.访问控制策略

访问控制策略是网络安全防范和保护的主要策略，它的主要任务是保证网络资源不被非法访问和使用。访问控制策略是维护网络系统安全、保护网络资源的重要手段。各种安全策略必须相互配合，这样才能真正起到保护作用，而访问控制策略被认为是保障网络安全的核心策略之一。

3.信息加密策略

信息加密策略的目的是保护网络的数据、文件、口令和控制信息，保护网络会话的完整性。信息加密可设在链路级、网络级、应用级，分别对应网络体系结构中的不同层次，从而形成加密通信通道。用户可以根据不同的需求，选择适当的加密方式。保障网络信息安全行之有效的策略之一就是数据加密策略。

4.网络安全管理策略

网络安全管理策略是指在特定的环境里，为保证提供一定级别的安全保护而必须遵守的规则。实现网络安全不仅要靠先进的技术，还要靠严格的管理和威严的法律。网络安全管理策略包括确定安全管理等级和安全管理范围，制定有关网络操作使用规程，制定网络系统的维护制度和应急措施等。网络安全管理策略的落实是实现网络安全的关键。

五、计算机网络安全措施

（一）网络安全立法

我国网络信息安全立法模式基本上属于"渗透型"模式。国家未制定统一的有关网络信息安全的法律法规，而是将涉及网络信息安全的法律法规渗透到相关法律、行政法规、部门规章和地方性法规中，初步形成了由不同法律效力层构成的网络信息安全法律规范体系。

下面是我国有关网络信息安全的法律法规：

（1）由全国人民代表大会常务委员会通过的法律，主要有《中华人民共和国刑事诉讼法》《全国人民代表大会常务委员会关于维护互联网安全的决定》等。

（2）国务院为执行宪法和法律而制定的行政法规，主要有《中华人民共和国计算机信息系统安全保护条例》（2011 年修订）、《计算机信息网络国际联网安全保护管理办法》（2011 年修订）、《互联网上网服务营业场所管理条例》（2019 年修订）等。

（3）国务院各部委根据法律和行政法规在本部门权限范围内制定的规章及规范性文件，主要有《计算机病毒防治管理办法》等。

（4）各省、自治区、直辖市制定的地方性法规，包括各种安全管理（如网络服务业管理、互联网信息服务安全管理等）、对网上发布信息的限制（如对政治领域、信息传播领域有害信息和病毒信息的限制）、对著作权的保护、对计算机犯罪的防范与处理等。

（二）网络安全管理

加强安全管理、制定有关规章制度，对于确保信息系统安全、可靠地运行，都是十分有效的。

信息系统的安全管理策略包括设立安全管理机构、制定行政人事管理制度、制定设备的使用规程和中心机房管理制度、制定各应用系统的维护制度和应急措施、建立网络通信管理制度、完善数据备份和应用软件等技术资料的管理制度等。

由各方面的管理人员组成的安全管理机构，负责安全、审计、系统分析、软硬件系统维护、通信管理。安全管理机构的设置与系统规模有关，机构内相关人员的职责是固定的。

对信息系统管理人员的管理也是保证系统安全的一个重要措施。在对信息系统管理人员的管理上，人们要做好人员的审查和录用，岗位和职责范围的确定，人员的考核和评价，人员的调动和任免，人事档案的管理，人员的思想教育与业务培训等工作。

信息系统的安全管理要根据安全管理原则和系统信息保密性等要求，制定相应的管理规章制度，如确定系统的安全等级，根据安全等级确定安全管理范围，制定严格的操作规程，制定完备的系统维护制度，制定必要的应急措施等。

（三）网络实体安全保护

网络实体安全（物理安全）保护就是指采取一定的措施对网络的硬件系统、数据和软件系统等实体进行保护，防止其受到自然灾害与人为灾害的破坏。

对网络硬件的安全保护包括对网络机房和环境的安全保护，对网络设备（如通信电缆等）的安全保护，对信息存储介质的安全保护，以及对电磁辐射的安全保护等。

对网络数据和软件系统的安全保护包括对网络操作系统的安全保护，对网络应用软件的安全保护，以及对网络数据库中数据的安全保护。

对自然与人为灾害进行防御是指对网络系统环境采取防火、防水、防雷电、防电磁干扰、防振动及防风暴等措施。

（四）访问控制技术

访问控制规定了哪些用户可以访问网络系统，对要求入网的用户进行身份验证和确认，规定这些用户能访问的范围，他们对于这些资源能使用到什么程度等。访问控制的基本任务就是防止非法用户进入网络，防止合法用户对网络系统的资源进行非授权访问，保证网络系统中所有的访问操作都是合法的。

访问控制技术通常设置口令和入网限制，采取数字证书、数字签名等技术对用户的身份进行验证和确认，规定不同软件及数据资源的属性和访问权限。访问控制可以通过网络监视、设置网络审计和跟踪、使用防火墙系统、入侵检测等方法实现。

（五）数据保密

数据保密就是采取一定的技术和措施，对存储在网络系统中的数据和在线路上传输的数据进行变换（加密），使变换后的数据不能被无关的用户识别，从而保证数据的安全。

数据保密一般采用密码技术进行信息（数据和程序）加密、数字签名、用户验证和非否认鉴别等。

第二节 网络安全技术

随着计算机网络技术的发展，网络的安全性和可靠性成为各层用户共同关心的问题。人们都希望自己的网络能够更加可靠地运行，不受外来入侵者的干扰和破坏。网络的安全性和可靠性是网络正常运行的前提和保障。

计算机网络安全包括物理安全和网络信息安全。网络信息安全的核心技术是数据加密和数字认证。数据加密是保护数据免遭攻击的一种主要方法；数字认证是防止对手对信息进行篡改的一种重要技术。数据加密和数字认证的联合使用，是保护信息安全的有效措施。

一、物理安全

物理安全的内容主要包括以下几个方面：

（一）环境安全

为保证环境安全，人们应为计算机配备消防报警、安全照明、不间断供电、温湿度控制系统和防盗报警系统。

安全保卫是环境安全的重要一环，主要的安全保卫措施包括防盗报警、实时监控、安全门禁等。

计算机机房的温度、湿度等环境条件的保持可以通过加装通风设备、排烟设备、专业空调设备来实现。

计算机机房的用电安全主要通过电源分离技术、电源和设备有效接地技术、电源过载保护技术和防雷击技术等实现。

计算机机房安全管理是指制定严格的计算机机房工作管理制度，并要求所有进入机房的人员严格遵守管理制度，将制度落到实处。计算机机房安全管理主要包括以下几方面的内容：

1.机房安全要求

如何减少无关人员进入机房的次数是计算机机房设计者首先要考虑的问题。计算机机房所在建筑物要牢固。设计者最好不要将计算机机房安排在建筑的底层或顶层，因为底层一般较潮湿，而顶层则有漏雨的危险。在较大的楼层内，计算机机房应在靠近楼梯的一边。

2.机房防盗要求

视频监视系统是一种可以用于防盗的系统，能对计算机网络系统的外围环境、操作环境进行实时监控。对重要的机房，还应采取特别的防盗措施，如安排值班守卫，在出入口安装金属探测装置等。此外，还可以在需要保护的重要设备、存储媒介和硬件上贴上特殊标签（如磁性标签），当有人非法携带这些重要设备或物品外出时，检测器就会发出警报。

3.机房"三度"要求

温度、湿度和洁净度合称为"三度"，它们对计算机网络系统的正常运行有着重要作用。为使机房内的"三度"达到规定的要求，空调系统、去湿机、除尘器是必不可少的设备，重要的计算机系统安放处还应配备专用的空调系统。

机房内部的温度一般应控制在 18~22℃，相对湿度一般应控制在 40%~60%，尘埃颗粒直径应小于 0.5μm 含尘量。

4.防火与防水要求

计算机机房的火灾一般由电气原因、人为事故或外部火灾蔓延引起。

计算机机房的水灾一般由机房内渗水、漏水等引起。

为避免火灾、水灾，人们应安装火灾报警系统，配备灭火设施，还要制定科学的管理措施。

（二）电源系统安全

1.供电系统安全

电源是计算机网络系统的命脉。稳定可靠的电源系统是计算机网络系统正常运行的必要条件。电源系统如果有电压的波动、浪涌电流和突然断电等意外情况出现，可能会导致计算机系统存储信息丢失、存储设备损坏等。电源系统的安全是计算机系统物理安全的一个重要组成部分。

《计算机场地通用规范》（GB/T 2887-2011）将供电方式分为三类。

一类供电：应具有双路供电（或市电、备用发电机）和不间断供电系统。

二类供电：应具有不间断电源供电系统。

三类供电：一般用户供电系统。

2.防静电措施

不同物体间的相互摩擦会产生电压非常高的静电。静电如果不能及时释放，就会产生火花，损坏芯片，甚至造成火灾。计算机系统的中央处理器、只读存储器、随机存取存储器等关键部件是大规模集成电路，对静电极为敏感，容易被静电损坏。

机房的内装修应避免使用吸尘、容易产生静电的材料。为了防静电，机房一般要安装防静电地板。另外，机房应保持一定的湿度，以免因干燥而产生静电。

3.接地与防雷要求

接地与防雷是保护计算机网络系统和计算机机房安全的重要措施。接地是指整个计算机系统中的各处电位均以大地电位为零参考电位。接地可以为计算机系统的数字电路提供一个稳定的参考电位，从而保证设备的安全，同时也可以防止电磁信息泄漏。各种计算机外围设备、多相变压器的中性线、电缆外套管、电子报警系统、隔离变压器、电源和信号滤波器、通信设备等都要求接地。

计算机机房的接地系统要按计算机系统本身和场地的各种地线系统的设计要求进行具体实施。

此外，计算机机房应做防雷处理，以防雷电损坏机房设备，影响计算机系统的正常运行。

（三）电磁防护与设备安全

1.硬件设备的维护和管理

人们要根据硬件设备的具体配置情况，制定切实可行的硬件设备的操作使用规程，并严格按操作规程进行操作。硬件设备的维护和管理措施主要有以下几条：

（1）建立设备使用情况日志，并严格登记使用情况。

（2）建立硬件设备故障情况登记表，详细记录故障性质和修复情况。

（3）坚持对设备进行例行维护和保养，并指定专人负责。

（4）定期检查供电系统的各种保护装置及地线是否正常。

（5）将对设备的物理访问权限限制在最小范围内。

2.电磁兼容和电磁辐射的防护

计算机网络系统的各种设备都属于电子设备，它们在工作时不可避免地会向外辐射电磁波，同时也会受到其他电子设备产生的电磁波的干扰。当电磁波干扰达到一定的程度时，就会影响设备的正常运行。

电磁辐射防护的措施包括对传导发射的防护和对辐射的防护。对传导发射的防护主要采取对电源线和信号线加装性能良好的滤波器，以减小传输阻抗和导线间的交叉耦合的方法。对辐射的防护可采用各种电磁屏蔽措施，如对设备和各种接插件的金属进行屏蔽，同时对机房的下水管、暖气管和金属门窗进行屏蔽和隔离。此外，人们还可以采用干扰措施对辐射进行防护，即在计算机系统工作的同时，利用干扰装置产生一种与计算机系统辐射相关的伪噪声，用这种伪噪声来掩盖计算机系统的工作频率和信息特征。

3.信息存储媒介的安全管理

计算机网络系统的信息要存储在某种媒介上，常用的存储媒介有硬盘、磁盘、磁带、打印纸、光盘等。信息存储媒介的安全管理应注意以下事项：

（1）对硬盘上的数据，要建立有效的分级权限，并严格管理，必要时要对数据进行加密，以确保硬盘数据的安全。

（2）对存有业务数据或程序的磁盘、磁带或光盘，必须注意防磁、防潮、防火、防盗。

（3）对存放业务数据或程序的磁盘或光盘的管理必须落实到人，并分类建立登记簿。

（4）对存有重要信息的磁盘、光盘，要进行备份并分两处保管。

（5）对印有业务数据或程序的打印纸，要视同档案进行管理。

（6）对超过数据保存期的磁盘、磁带、光盘，必须进行特殊的数据清除处理，处理后的媒介，应如同空白磁盘、磁带、光盘。

（7）凡不能正常记录数据的磁盘、光盘，必须经过测试确认后销毁。

（8）对需要长期保存的有效数据，应在磁盘、光盘的质量保证期内进行转储，而且转储时应确保内容正确。

（四）通信线路安全

通信线路安全包括防止电磁信息的泄漏、线路截获和抗电磁干扰。人们通过一种高技术加压电缆，可以获得通信线路上的物理安全。这种通信电缆密封在塑料套管中，线缆的两端被充气加压，线上连接了带有报警器的监视器，用来测量压力。如果压力下降，表明电缆可能被破坏了，技术人员可以由此发现问题，进一步检测破坏点的位置，并对电缆进行及时的修复。

二、数据加密和解密

计算机密码学是研究计算机数据加密、解密及变换的新兴科学，密码技术是密码学的具体实现，它作用于通信的四个方面，即保密（机密）、验证、完整和不可否认性。

密码技术包括数据加密和解密两部分。信号在被信源发出后进行加密，经过信道传输，在被信宿接收前进行解密，以实现数据通信保密。

加密和解密是通过密钥来实现的。如果把密钥作为加密体系标准，则可将密码系统分为单钥密码（又称对称密码或私钥密码）体系和双钥密码（又称非对称密码或公钥密码）体系。

在单钥密码体制下，加密密钥和解密密钥是一样的。由于加密和解密使用同一密钥（密钥经信道传给对方），所以密码体制的安全性完全取决于信道的安全性。

1977 年，罗恩·李维斯特、阿迪·萨莫尔和伦纳德·阿德曼联合提出了一种公钥密码体制——RAS。RSA 由他们三个人的姓氏首字母组成。在双钥密码体制下，加密密钥与解密密钥是不同的，它不需要通过信道来传送密钥，只需要保密解密密钥就。

（一）传统加密方法

1.代换密码法

（1）单字母加密方法，即用一个字母代替另一个字母，如把 A 变为 E，把 B 变为 F，把 C 变为 G，把 D 变为 H。

（2）多字母加密方法，即用简短且便于记忆的词组作密钥。

2.转换密码法

这种加密方法是保持明文的次序，但把明文字符隐藏起来的一种加密方法。

3.变位加密法

变位加密法就是通过把明文中的字母重新排列，对信息进行加密的方法。常见的有简单变位法、列变位法和矩阵变位法。

4.一次性密码簿加密法

一次性密码簿加密法的具体操作是用一页上的代码来加密一些词，再用另一页上的代码加密另一些词，直到全部的明文都被加密。

（二）现代加密方法

1.数据加密标准

数据加密标准是一种通用的现代加密方法，该标准是在 56 位密钥控制下，将一个单元内的 64 位明文变成 64 位的密码文。数据加密标准采用多层次复杂数据函数替换算法，使密码几乎没有被破译的可能。

2.国际数据加密算法

国际数据加密算法使用 128 位的密钥，每次加密一个 64 位的数据块。该算法主要运用异或、模加、模乘三种运算，可用于加密和解密，被认为是现今最安全的分组密码算法。

3.RSA 公开密钥算法

RSA 公开密钥算法是迄今为止最著名、最完善、使用最广泛的一种公钥密码体制。其要点在于产生一对密钥，一个人可以用密钥对中的一个密钥加密消息，另一个人则可以用密钥对中的另一个密钥解密消息，任何人都无法通过公钥确定私钥，也没有人能使用加密消息的密钥解密消息，只有密钥对中的解密密钥可以解密消息。

4.Hash-MD5 加密算法

Hash 函数即散列函数，是基于因子分解或离散对数问题的函数，可将任意长度的信息浓缩为较短的固定长度的数据。这组数据能够反映源信息的特征，因此又被称为信息指纹。Hash 函数具有很好的密码学性质，且满足 Hash 函数的单向、无碰撞的基本要求。

5.量子加密技术

量子加密技术是加密技术的新突破。量子加密技术依赖量子力学定律，这是它的先进之处。传输信息的光量子只允许有一个接收者，如果有人窃听，窃听动作将会对通信系统造成干扰。通信系统一旦发现有人窃听，就会立刻结束通信，并生成新的密钥。

（三）解密技术

1.穷尽搜索密钥

穷尽搜索密钥就是尝试所有可能的密钥组合，虽然这种尝试通常是失败的，但最终总会有一个密钥让破译者得到原文。

2.密码分析

密码分析是在不知密钥的情况下利用数学方法破译密文或找到密钥。常见的密码分析方法有两种。

（1）已知明文的破译方法：密码分析员通过所掌握的一段明文和对应的密文，发现加密的密钥。在实际应用中，获得某些密文所对应的明文是可能的。

（2）选定明文的破译方法：密码分析员设法让对手加密一段分析员选定的明文，并获得加密后的结果，从而发现加密的密钥。

3.防止密码被破译的措施

为了防止密码被破译，人们可以采取一些相应的技术措施。目前常见的技术措施有以下三种：

（1）采用好的加密算法。一个好的加密算法往往只能用穷举法来得到密钥，所以只要密钥足够长就会比较安全。

（2）保护关键密钥。

（3）采用动态会话密钥。采用动态会话密钥是有好处的，因为这些密钥是用来加密会话的，一旦密钥被泄露，就有可能被他人窃取重要信息，从而引起灾难性的后果。

三、数字认证技术

数字认证技术是一种安全防护技术，它既可以用于确认和鉴别用户的身份，也可以用于确认和鉴别信息的真实性。数字认证技术包括数字签名、数字时间戳、数字证书和认证中心等。

（一）数字签名

数字签名是数字认证技术中最常用的认证技术。在日常工作和生活中，人们根据亲笔签名或印章来证实书信或文件接收者的真实身份。在书面文件上签名有两个作用：其一，签名难以否认，人们可以据此确定文件已经签署这一事实；其二，签名不易被仿造，人们可以据此确定文件是真实的。

随着信息时代的来临，人们希望通过数字通信网络迅速传递贸易合同。于是，数字签名就应运而生。数字签名必须保证以下三点：

（1）接收者能够核实发送者对报文的签名。

（2）发送者事后不能抵赖对报文的签名。

（3）接收者不能伪造报文上的签名。

（二）数字时间戳

在电子交易中，人们同样需要对交易文件的时间信息采取安全保护措施，数字时间戳（Digital Time Stamp，DTS）就是为电子文件发表的时间提供安全保护和证明的技术。DTS 是网络安全服务项目，由专门的机构提供，它是一个通过加密形成的凭证文档，包括三个部分：需要加时间戳的文件的摘要、DTS 机构收到文件的时间、DTS 机构的数字签名。

用户首先将需要加时间戳的文件用 Hash 编码加密形成摘要，然后将这个摘要发送给 DTS 机构，DTS 机构在加入了收到文件摘要的时间信息后，再对这个文件进行加密（数字签名），最后发送给用户。这就是使用 DTS 认证的过程。

（三）数字证书

数字证书从功能上来说很像身份证，是用来证明持有者身份的一个凭证，也是用来确认用户对网络资源的访问权限的一个凭证。数字证书包括以下几类：

1.客户证书

客户证书一般由金融机构发放，用以证明持有者在网上的有效身份，不能被其他第三方更改。

2.商家证书

商家证书是由收单银行批准、金融机构颁发，对商家是否具有信用卡支付交易资格的一个证明。

3.网关证书

网关证书通常由收单银行或其他负责认证和收款的机构持有。客户对账号等信息进行加密的密码由网关证书提供。

4.系统证书

系统证书是由各级各类发放数字证书的机构持有的数字证书，是用来证明他们有权发放数字证书的证书。

（四）认证中心

认证中心（Certificate Authority，CA）是承担网上安全电子交易认证服务、签发数字证书并确认用户身份的服务机构。认证中心的主要任务是受理数字凭证的申请、签发数字证书及对数字证书进行管理。

CA 认证体系由根 CA、品牌 CA、地方 CA、持卡人 CA、商家 CA、支付网关 CA 等不同层次构成，上一级 CA 负责下一级 CA 的数字证书的签发及管理工作。

（五）身份认证技术

1.基于生理特征的身份认证

基于生理特征的身份认证就是通过指纹、脸型、声音等进行身份认证，要求使用诸如指纹阅读器、脸型扫描器、语音阅读器等价格昂贵的硬件设备。由于需要验证身份的双方一般都是通过网络交互，所以该类方法并不适合在诸如因特网或无线应用等分布式的网络环境中使用。

2.基于约定口令的身份认证

基于约定口令的身份认证就是通过输入用户口令和密码的方法进行身份认证。这种方法有两个弱点：其一，容易受到重传攻击；其二，人们一般将用户口令放在服务器的文件中，一旦该文件暴露，整个系统都将处于不安全的状态。

3.基于动态口令（一次性口令）的身份认证

1991 年，贝尔通信研究中心研制出了基于一次性口令思想的身份认证系统，该系统使用 MD4 作为其单向 Hash 函数。目前，人们提出了很多动态口令方案，但这些方案都不是很完善。

第三节 网络防火墙技术

互联网的出现为人们创造了信息资源共享的环境，扩展了人们获取和发布信息的能力，同时也出现了信息被破坏等事故。这些事故主要由网络的开放性、自由性、无边界性造成，所以人们要对网络进行控制，让它成为可管理的、安全的内部网络。防火墙能有效地阻挡来自互联网的攻击，保护数据等信息资源的安全。

一、防火墙的概念

防火墙从字面意思上可以理解为"防止火势蔓延的墙"。互联网中的防火墙也具有类似的作用，它能够防止互联网上的不安全因素蔓延到网络内部。防火墙技术是一项保护网络安全不可缺少的措施。

有人将网络防火墙定义为"限制被保护网络和互联网之间或其他网络之间信息访问的部件或部件集"。防火墙实际上是一种保护装置，可以防止非法入侵，保护网络数据。在互联网中，防火墙的目的主要有限定离开控制点、防止非法者侵入、限定访问控制点、有效阻止破坏者对计算机系统进行破坏等。

总体来说，防火墙是互联网中的限制器、分离器、分析器。防火墙通常是位于网络特殊位置的一组硬件设备——路由器、计算机或其他特制的硬件设备。

防火墙的发展经历了三个阶段，即基于路由器的防火墙阶段、用户化的防火墙工具阶段、建立在操作系统上的防火墙阶段。

二、防火墙的功能

防火墙能有效阻止互联网中的不安全因素进入网络内部，保护互联网中信息交换的安全性。它的主要功能有以下几点：

1.隔离

防火墙最主要的功能就是隔离，只有做到这一点，信息网络安全才有可能实现。防火墙这个互联网上的"安全检查站点"，只允许符合规则的请求通过。

2.网段控制

防火墙能够有效控制网段，把网络中的网段与网段隔开。

3.活动记录

在互联网中，防火墙具有记录所有被保护的网络和外部网络之间进行的所有活动的功能。

三、防火墙的优点和缺点

（一）防火墙的优点

（1）防火墙能够简化网络安全管理，能够加强网络安全性。

（2）防火墙能够过滤内部网络存在的安全缺陷，从而减小内部网络遭受攻击的概率，对网络进行有效的保护。

（3）网络管理员可以利用网络防火墙定义一个中心"控制点"，防止非法用户进入内部网络，从而有效地防止来自恶意程序、网络破坏者等的攻击。

（4）防火墙的保护范围相对集中。一般情况下，一个内部网络大部分或所有需要改动的程序，以及附加的安全程序都能集中地放在防火墙系统中。

（5）防火墙能够根据机构的记账模式核算部门的费用。

（6）防火墙有利于人们监视网络的安全性，并能产生报警信号。

（7）防火墙能阻止外部网络主机获取有利于攻击系统的信息，从而增强系统的安全性。

（8）防火墙能够隐藏内部网络的结构，可以缓解地址空间短缺的问题。

（二）防火墙的缺点

防火墙对系统的安全起着极大的作用，但每一个系统都不是完美无缺的，防火墙也存在着许多缺点与不足：

（1）防火墙只能阻断攻击，并不能消灭攻击源。在互联网上，病毒、木马、恶意试探等造成的攻击行为不断，而防火墙只能阻挡它们，却无法清除攻击源。即使防火墙进行了良好的设置，使得攻击无法对计算机造成伤害，但各种攻击源仍然会不断地向防火墙发起攻击。例如，接主干网 10MB 网络带宽的某站点，其日常流量中平均有 512KB 是攻击行为，即使成功设置了防火墙，这 512KB 的平均攻击流量也不会减少。

（2）限制防火墙的并发连接数容易导致网络拥塞。由于要判断、处理流经防火墙的每一个包，因此防火墙在某些流量大、并发请求多的情况下，很容易导致网络拥塞，从而影响整个网络的性能。

（3）防火墙不能抵抗最新的未设置对应策略的攻击。防火墙的设置总是滞后于新型攻击的出现。

（4）防火墙大多无法阻止那些针对服务器合法开放的端口的攻击。大多数情况下，攻击者会利用服务器提供服务时的缺陷对计算机进行攻击。

（5）防火墙不处理病毒。当网络内部用户下载外网的带病毒的文件时，防火墙是不处理这些病毒的。

（6）防火墙一般无法阻止内部主动发起连接的攻击。局域网的最大特点是"外严内松"。一道严密防守的防火墙内部的网络有可能是一片混乱的。另外，防火墙也无法解决网络内部各主机间的攻击行为。

（7）防火墙本身也可能出现问题或受到攻击。防火墙也是一个操作系统，它同样分硬件系统和软件系统，也会存在漏洞和软件错误，所以防火墙本身也可能会受到攻击，出现软件和硬件方面的故障。

总之，随着网络的不断普及，各种网络安全问题不断出现，人们不能只依靠防火墙这种被动式的防护手段来解决问题。

四、防火墙的关键技术

（一）包过滤技术

1.数据包

数据包是互联网上信息传输的单位。包是由各层连接的协议组成的。每一层包都由包头与包体两部分组成，包头中存放着与这一层相关的信息，包体中存放着包在这一层的数据信息，这些数据信息也包含了上一层的全部信息。每一层对包的处理都是将从上一层获取的全部信息作为包体，然后再依本层的协议加上包头。

2.包过滤系统

包过滤是数据包过滤的简称。包过滤是一个网络安全保护机制，它可以控制流出与流入网络的数据。包过滤系统就是对系统中的数据包进行过滤及控制的系统。实现包过滤操作的技术就是包过滤技术。

通过对数据包过滤，包过滤系统可以控制站点与站点、站点与网络、网络与网络之间的相互访问。包过滤系统控制的只是"访问"，而不是数据包传输的"数据和内容"，因为包过滤系统不能识别数据包中的内容形式，也不能识别数据包中的文件信息。包过滤通常由包检查模块实现，包检查模块在操作系统或路由器发包之前拦截所有的数据包，对于符合规则的数据包，系统会放行；对于不符合规则的数据包，系统会报警或通知管理员。

包检查模块通常检查数据包中的几项内容：包的源地址；包的目的地址；UDP 或 TCP 的源端口；UDP 或 TCP 的目标端口；协议类型；TCP 的序列号、确认号；TCP 报头中的 ACK 位；互联网控制报文协议消息类型。

3.包过滤的优点和缺点

包过滤的优点有以下几点：

第一，仅用包过滤路由器就可以保护网络，减少暴露的风险。

第二，包过滤不需要用户软件的支撑，不需要对客户机做任何设置，也不需要对用户做任何培训。

第三，包过滤产品容易获得，市场上许多硬件和软件的路由器产品都提供了包过滤功能。

包过滤也有缺点和局限性。包过滤的缺点有以下几点：

第一，在机器中配置包过滤规则比较困难。

第二，对包过滤规则设置的测试比较麻烦。

第三，许多包过滤都存在着局限性，很难找到一个非常完善的包过滤产品。

第四。包过滤只能访问包头中的有限信息。

总之，包过滤本身存在着许多缺陷，无法满足系统安全的需要。

（二）代理服务技术

代理是一个提供替代连接并且充当服务的网关。代理只允许单台主机或少数主机为用户提供因特网访问服务，不允许所有的主机为用户提供此类服务。

代理服务的优点如下：

（1）代理服务不但支持可靠的用户认证，而且提供详细的注册信息。

（2）代理服务允许用户"直接"访问因特网。

（3）代理服务适合做日志。

（4）代理服务可以解决合法的 IP 地址不够用的问题。

（5）提供代理服务的防火墙可配置唯一的被外部看见的主机，这样可以保护内部主机免受外部主机的攻击。

作为一个确保安全的方案，代理服务也有以下缺点：

（1）代理服务一般要求对程序进行修改。每一个应用程序都要求有一个代理程序来进行安全控制，每一种应用升级时，代理服务程序也要随着升级。

（2）应用层实现的防火墙会导致代理服务器的性能明显下降。

（3）每个代理服务要求不同的代理服务器，因此代理服务器的选择、安装、设置都会非常麻烦。

（4）应用层网关不能为某些基于通用协议簇的服务提供代理。

五、防火墙的设计

设计防火墙时，人们需要考虑以下几点：

（一）机构的安全策略

防火墙是系统安全中不可缺少的一部分。安全政策必须建立在认真的安全分析、风险评估和商业需求分析的基础之上。只有拥有一项完备的安全策略，才能保证自身的稳定与安全，这对于任何机构都是一样的。

（二）防火墙的基本准则

1.允许一切未被特别拒绝的信息

这一准则意味着防火墙可转发所有信息流，同时会删除可能造成危害的服务。这种方法灵活性好，用户可以得到更多的服务。但是网络管理人员管理起来就比较麻烦，他们必须知道哪些服务应该删除。有时候，删除的内容可能会不全面。

2.拒绝一切未被允许的信息

这一准则意味着防火墙要封锁所有的信息流，然后逐项开放用户希望提供的服务。这种方法相对安全，但为了保证系统的安全，防火墙对信息流做最大程度限制的同时，也限制了用户可选择的范围。

（三）防火墙的费用

防火墙的费用由它的复杂程度及它要保护的系统的规模决定。简单的包过滤式防火墙费用低，但安全性差；复杂的商业防火墙比较昂贵，但安全性比较好。

第四节 计算机病毒及防控技术

一、 计算机病毒的定义

计算机病毒由生物医学中的"病毒"的概念引申而来。从广义上讲，凡能够引起计算机故障，破坏计算机数据的程序都可以称为计算机病毒。国外的学者将计算机病毒定义为"一段附着在其他程序上的，可以实现自我繁殖的程序代码"。《中华人民共和国计算机信息系统安全保护条例》明确指出，"计算机病毒，是指编制或者在计算机程序中插入的破坏计算机功能或者毁坏数据，影响计算机使用，并能自我复制的一组计算机指令或者程序代码"。

二、计算机病毒的特点

计算机病毒具有以下特点：

（一）传染性

传染性是计算机病毒的一个显著特征。病毒程序能够在系统运行过程中，通过修改磁盘扇区信息，将自身嵌入其他程序中或者放入指定的位置，如文件型病毒和引导型病毒。

（二）破坏性

病毒程序具有很大的破坏性，它不仅会删除或者修改系统中的数据，还会占据系统资源，影响机器的正常运行。

（三）隐蔽性

由于计算机病毒大多是用汇编语言编写的，非常精巧，因此具有很强的隐蔽性。另外，传染速度快、不易被发现，也是计算机病毒隐蔽性的一个表现。

（四）潜伏性

计算机病毒具有很强的潜伏性。一些病毒程序潜伏在正常程序中，不易被察觉。但是，该程序如果被加载，就会发生问题。

三、计算机病毒的分类

计算机病毒种类繁多，同一种病毒也可能有很多变种。根据病毒的特征和表现，计算机病毒有多种分类方法。

按计算机病毒对计算机的危害程度划分，计算机病毒可分为良性病毒、恶性病毒和中性病毒三类。良性病毒程序类似恶作剧，只是为了以一种特殊的方式表现其存在，不会对系统构成威胁；恶性病毒能够破坏系统中的重要数据，造成十分严重的危害；中性病毒就是常说的蠕虫病毒，既不对系统造成破坏，也没有表现症状，只是疯狂复制自身，最后耗尽资源。

按病毒的生存平台划分，计算机病毒可分为 DOS 病毒、Windows 病毒等几大类。这主要因为不同平台的计算机采用的硬件结构、操作系统的工作机制都有所不同，所以计算机病毒都是针对某种计算机平台来编写的，还没有跨平台的计算机病毒出现。

根据病毒的寄生方式划分，计算机病毒可分为操作系统型病毒、文件型病毒、复合型病毒和网络型病毒四类。操作系统型病毒作为操作系统的一个模块在系统中运行，一旦被激发，病毒会对系统进行持续不断的传染和攻击，使整个系统处于带毒状态。文件型病毒的攻击对象是文件。文件被装载时，计算机会首先运行病毒程序，然后才运行用户指定的文件。文件型病毒又被称为外壳型病毒，其病毒包围在宿主程序的外围，但不对宿主程序进行修改。复合型病毒是上述两种病毒的结合体，它既会感染操作系统，又会感染文件，所以用户在杀毒时比较困难。如果用户只清除了文件上的病毒，而没有清除引导区的病毒，那么当系统重新引导时病毒又会被激活，并会重新感染文件。这种病毒是最难清除的。随着网络的普及，越来越多的用户通过网络进行实时通信和文件下载，这也逐渐成为病毒传播的主要途径之一。网络型病毒感染的对象不再局限于单一的模块和文件，某些网络型病毒几乎能够感染所有的 Office 文件。因此，用户可以使用专门的嵌入式杀毒工具来查杀病毒，防止病毒通过外来文件传播到本地。

四、计算机病毒的新特点

计算机网络系统的建立可以使多台计算机共享数据资料和外部资源，同时也给计算机病毒带来了更为有利的生存和传播环境。

在网络环境中，计算机病毒具有一些新的特点。

（一）病毒种类多

计算机病毒的种类繁多，既有单机上常见的某些计算机病毒，如感染磁盘系统区的引导型病毒和感染可执行文件的文件型病毒，也有专门攻击计算机网络的网络型病毒，如特洛伊木马病毒和蠕虫病毒。

（二）传染速度快

在单机上，病毒只能通过软盘从一台计算机上传播到另一台计算机上；而在网络中，病毒则可通过网络通信机制，借助高速电缆迅速扩散。

病毒在网络中的传播速度非常快，不但能迅速传染局域网内的所有计算机，还能通过因特网在一瞬间将病毒传播到千里之外，扩散范围很大。

（三）清除难度大

在单机上，顽固的病毒也可通过删除带毒文件、低级格式化硬盘等措施将病毒消除。在网络中，只要有一个工作站未将病毒查杀干净，就会使整个网络再次感染病毒，因此仅对单个工作站进行病毒查杀，不能彻底解决网络病毒问题。

（四）破坏性强

网络上的病毒会直接影响网络的运行，轻则降低网络运行的速度，影响其工作效率，重则造成网络系统瘫痪，破坏服务器系统资源。

五、计算机病毒的传播方式

计算机病毒的传播方式有以下两大类。

（一）通过软盘、硬盘、光盘、优盘等传统方式传播

计算机病毒的传统传播方式是通过被感染的存储部件进行传播，如系统盘、软件、游戏盘等，这是病毒最普遍的传播途径。计算机使用了带有病毒的存储部件后，就会感

染病毒。合法或非法的程序复制，不加控制地随便在机器上使用各种软件，给病毒泛滥提供了条件。

（二）通过网络传播

计算机病毒在网络上的扩散极快，能在短时间内传遍网络。

因特网的风靡给病毒的传播增加了途径。在因特网中，病毒的传播更迅速。因特网带来了两种不同的安全威胁：一种来自文件下载，这些被浏览的或是被下载的文件可能存在病毒；另一种来自电子邮件，大多数因特网邮件系统提供了在网络间传送附带格式化文档的邮件的功能，携带病毒的文档或文件就会通过网关和邮件服务器涌入企业网络。网络使用的简易性和开放性使得这种问题越来越严重。

六、计算机病毒的影响

对微型计算机而言，计算机病毒即使没有发作，也一定会引起系统的异常，用户可以根据这些异常及早地发现计算机中潜伏的病毒。计算机病毒的影响表现在以下几个方面：

第一，破坏硬盘的分区表（即硬盘的主引导扇区）。

第二，破坏或重写软盘或硬盘 DOS 系统 Boot 区（即引导区）。

第三，影响系统的运行速度，使系统的运行明显变慢。

第四，破坏程序或覆盖文件。

第五，破坏数据文件。

第六，格式化或者删除所有或部分磁盘内容。

第七，直接或间接破坏文件连接。

第八，使被感染程序或被覆盖文件的长度增加。

第九，使网络不稳定或无法使用。

七、计算机病毒的防范

根据计算机病毒的特点和人们多年的病毒防治经验来看，从根本上杜绝计算机病毒的产生和发展是不可能的。人们面临的计算机病毒的攻击事件正在日益增多。病毒的种类越来越多，破坏方式也日趋多样化。每出现一种新病毒，就会有一些用户成为病毒的受害者。面对此种形势，人们必须采取有效措施，争取将计算机病毒的危害降至最低。

计算机感染病毒多是因为操作者的应对失当。当计算机安装了杀毒软件并启动实时检测功能后，许多病毒一出现就被发现了，如果在这时做出正确的应对，就能立即将病毒清除，而如果操作失当，损失就很难弥补了。作为计算机的使用者，人们应该时刻注意计算机的反应，养成思考后再操作的习惯。

要防范计算机病毒，掌握一定的病毒防治技术规范是非常必要的。下面就是一些重要的病毒防治技术规范：

（1）重要部门的计算机，尽量专机专用。

（2）不要随便使用在其他机器上使用过的可擦写存储介质（如软盘、硬盘、可擦写光盘等）。

（3）坚持定期对计算机系统进行计算机病毒检测。

（4）坚持经常性的数据备份工作，不要因为麻烦而忽略这项工作，否则会后患无穷。

（5）坚持以硬盘引导，如需用软盘引导，应确保软盘无病毒。

（6）新购置的机器和软件不要马上投入使用，要对其进行检测，检测后试运行一段时间，未发现异常情况再使用。

（7）对主引导区、引导扇区、根目录表、中断向量表、模板文件等系统的重要数据做备份。

（8）定期检查主引导区、引导扇区、中断向量表、文件属性（字节长度、文件生成时间等）、模板文件、注册表等。

（9）在网关、服务器和客户端都要安装并使用病毒防火墙，建立立体的病毒防护体系。设备一旦遭受病毒攻击，应采取隔离措施。

（10）不要使用盗版光盘上的软件。

（11）安装系统时，不要贪图大而全，要遵守适当的原则，如未安装 Windows 脚本宿主的系统，就可以避免"爱虫"这类脚本语言病毒的侵袭。

（12）接入因特网的用户要特别注意，不要轻易下载、使用免费的软件，不要轻易打开电子邮件的附件和来历不明的链接等。

（13）要将 Office 提供的安全机制充分利用起来，将宏的报警功能打开。

（14）发现新病毒应及时报告当地公安信息网络安全监察部门和国家计算机病毒应急中心。

随着计算机网络的发展，计算机病毒对信息安全的威胁日益严峻，人们一方面要掌握对当前的计算机病毒的防范措施，另一方面要加强对未来病毒发展趋势的研究和关注，真正做到防患于未然。目前，随着掌上移动通信工具和个人数字助理的广泛使用，针对这类系统的病毒已经开始出现；随着无线应用协议的功能日益增强，病毒对手机和无线网络的威胁越来越大。因此，人们还要提前做好技术和思想上的准备，严阵以待，保障信息安全。

参 考 文 献

[1]张林；马雪英；王衍.软件工程[M].北京：中国铁道出版社，2009.12.

[2]薛继伟；张泽宝；石研.软件工程导论[M].哈尔滨：哈尔滨工业大学出版社，2011.12.

[3]陈红松.网络安全与管理[M].北京：北京交通大学出版社；清华大学出版社，2010.10.

[4]杨晶洁.现代软件工程应用技术[M].北京：北京理工大学出版社，2017.05.

[5]虞益诚.网络技术及应用[M].南京：东南大学出版社，2005.02.

[6]张福潭；宋斌；陈芬.计算机信息安全与网络技术应用[M].沈阳：辽海出版社，2020.01.

[7]庞丽萍.计算机软件技术基础[M].武汉：华中理工大学出版社，1995.09.

[8]黄叔武；杨一平.计算机网络工程教程[M].北京：清华大学出版社，1999.07.

[9]刘冰涛.计算机网络基础[M].郑州：河南科学技术出版社，2008.08.

[10]许多顶.计算机网络技术与应用[M].北京：中国财政经济出版社，2005.05.

[11]陈永；张薇；杨磊.软件工程[M].北京：中国铁道出版社，2017.02.

[12]郭军.网络管理[M].北京：北京邮电大学出版社，2001.

[13]李树广.数据通信与计算机网络[M].上海：上海交通大学出版社，2003.01.

[14]李树广.计算机网络系统[M].北京：机械工业出版社，2006.02.

[15]蔡建林；李瑞林.计算机网络基础及应用[M].西安：西北工业大学出版社，2011.07.